4

Band 19 · April 1983

isotopenpraxis

AKADEMIE-VERLAG

ISSN 0021-1915 Isotopenpraxis, Berlin 19 (1983) 4, 105-144

EVP 9,- M

An unsere Autoren

Die Zeitschrift veröffentlicht Beiträge zu folgenden Themen: Kontrolle und Analyse radioaktiver und stabiler Isotope, Anwendung radioaktiver und stabiler Isotope in allen Gebieten der Forschung und Technik, der Industrie, Landwirtschaft und Medizin, Herstellung radioaktiver und stabiler Isotope sowie von markierten Verbindungen, kernelektronische Geräte für die Isotopenanwendung (Dickenmesser, Dichtemesser u. ä.) Detektoren für isotopentechnische Arbeiten und den Strahlenschutz in Isotopenlaboratorien, Meßtechnik und Strahlenschutz, Dosimetrie in Isotopenlaboratorien, kerntechnische Geräte für die Isotopenanwendung (Beton, Bestrahlungsanlagen u. ä.), Strahlenchemie, Radiochemie, ökonomische und perspektivische Fragen, Fragen der Weiterbildung.

1. Aufnahme von Manuskripten

Zur Veröffentlichung angenommen werden nur druckreife, noch nicht anderweitig publizierte Beiträge in deutscher, englischer oder russischer Sprache zum Themenbereich der Zeitschrift und zwar

- Originalarbeiten
- Kurze Mitteilungen
- Aus der Praxis
- Zusammenfassende Berichte
- Tagungsberichte
- Informationen.

Sind der Beitrag oder Teile daraus bereits veröffentlicht oder ist eine anderweitige Veröffentlichung vorgesehen, so muß dies der Redaktion mit genauer Angabe der Zweitveröffentlichung mitgeteilt werden. Mit der Annahme des Manuskriptes behält sich der Verlag das Recht der Vervielfältigung, Verbreitung und Übersetzung innerhalb der gesetzlichen Schutzfrist vor. Auszugsweiser Nachdruck oder photomechanische u. a. Wiedergabe sind an eine schriftliche Genehmigung des Verlages gebunden. Manuskripte, Zeichnungen und Photos von veröffentlichten Arbeiten werden nur auf den besonderen und bis zum Zeitpunkt der Veröffentlichung mitgeteilten Wunsch des Autors zurückgesandt.
Bei der unverlangten Einreichung von Manuskripten wird empfohlen, eine Befürwortung eines der Herausgeber oder Redaktionsausschußmitglieder beizufügen.
Manuskripte sind einzureichen bei der Redaktion, 1080 Berlin, Leipziger Str. 3–4

2. Form der Manuskripte

Die Autoren werden gebeten:
2 Manuskripte, eines davon in Original-Maschinenschrift, einseitig und mit 2zeiligem Abstand einzureichen; gut leserliche Photokopien sind zulässig; auf dem 1. Blatt (unter Weglassung der Bezeichnung)
- den Titel der Arbeit
- Vorname-Initialen und Namen sämtlicher Autoren
- gegebenenfalls die Institution, in der sie tätig sind
- eine kurze Zusammenfassung der Arbeit von höchstens 15 Zeilen
- Keywords in alphabetischer Reihenfolge und
- als Fußnote die Anschrift der Institution anzugeben;

wenn möglich, auf gesonderten Blättern Namen, Titel der Arbeit und Zusammenfassung in den beiden anderen obengenannten Sprachen 2fach beizufügen;
Literaturhinweise (fortlaufend numeriert), Fußnoten, Tabellen, Abbildungen (in 2–3facher Veröffentlichungsgröße), Abbildungsunterschriften (getrennt von den Abbildungen mit Zeichenerklärungen, Quellenangaben, falls erforderlich, und gegebenenfalls mit einem Vermerk für besondere Wünsche bezüglich der Abbildungsgröße), private und Dienstanschrift der Verfasser mit akademischen Titeln und ausgeschriebenen Vornamen auf besonderen Blättern ans Ende des Manuskriptes zu stellen;
Wünsche für den Kolumnentitel (Seitenüberschrift) bekanntzugeben;
Absätze durch Einzüge von mindestens 3 Anschlägen kenntlich zu machen;
die Maßeinheiten des SI-Systems ("Systeme International") zu verwenden;
Korrekturen im Manuskript unmittelbar an der zu korrigierenden Stelle anzubringen;
Formeln deutlich lesbar und möglichst groß einzutragen;
Farbabbildungen und nachträgliche Änderungen oder Ergänzungen in Abbildungen zu vermeiden;
hervorzuhebende Textstellen zu unterstreichen, und zwar halbfetten Satz mit einer geraden schwarzen Linie, kursiven Satz (Schrägschrift) mit einer blauen Wellenlinie (alle Eigennamen). Sperrungen gestrichelt;
besondere Buchstaben durch farbige Unterstreichung zu kennzeichnen, und zwar Formelzeichen in

- Griechisch-Kursiv ($\alpha, \beta, \ldots$) rot,
- Kursiv ($A, B, \ldots$) blau
- halbfetter Kursiv ($\boldsymbol{A}, \boldsymbol{B}, \ldots$) 2 Linien blau (Vektoren),
- halbfetter Grotesk ($\mathbf{A}, \mathbf{B}, \ldots$) 2 Linien violett (Tensoren);

bei Literaturangaben auf Vollständigkeit zu achten. In nachstehender Reihenfolge müssen angegeben sein:

a) bei *Zeitschriften*: Vorname-Initialen und Namen sämtlicher Autoren, Titel der Zeitschrift (nach „Periodica Chimica" oder möglichst wenig gekürzt), Bandnummer (unterstrichen), Jahreszahl (in Klammern), Heftnummer (nur bei Zeitschriften, die jedes Heft mit S. 1 beginnen) sowie die Seitenzahl, auf der die zitierte Arbeit beginnt.

b) Bei *Büchern*: Initialen der Vornamen und Name des Autors (Herausgeber werden durch den Zusatz „ed." gekennzeichnet), voll ausgeschriebener Titel des Buches in der Originalsprache, evtl. Bandnummer, voll ausgeschriebener Name des Verlages, Nummer der Auflage (außer der ersten), Erscheinungsort(e), Erscheinungsjahr (hier nicht in Klammern setzen!) und evtl. Kapitelnummer, Seitenzahl u. ä.

c) bei *Sammelbänden, Tagungsberichten*: Es soll zusätzlich der Titel des zitierten Beitrags angegeben werden. Die Seitenzahl muß unbedingt angegeben werden. Aus dem Zitat muß hervorgehen, ob es sich um einen Tagungssammelband oder um einen noch nicht veröffentlichten Vortrag handelt. Zwischen Tagungsort und Erscheinungsort des entsprechenden Tagungsberichts ist zu unterscheiden.

3. Korrekturen

Der Autor erhält zwei Umbruchabzüge, von denen einer möglichst schnell korrigiert an die Redaktion zurückgereicht werden soll. Auf Wunsch des Autors kann die Korrektur auch von der Redaktion gelesen werden.

Durch nachträgliche Manuskriptänderungen verursachte Korrekturkosten gehen, sofern sie 10% der Satzkosten übersteigen, zu Lasten des Autors.

Der Autor erhält 50 Sonderdrucke kostenlos. Weitere Sonderdrucke können bis zur Rückgabe der Korrekturabzüge auf Kosten des Autors bei der Redaktion bestellt werden.

Bezugsmöglichkeiten

Bestellungen sind zu richten

- **in der DDR** an den Postzeitungsvertrieb unter Angabe der Kundennummer des Bestellenden oder an den AKADEMIE-VERLAG, DDR-1086 Berlin, Leipziger Straße 3–4, PF-Nr. 1233
- **im sozialistischen Ausland** an eine Buchhandlung für fremdsprachige Literatur oder an den zuständigen Postzeitungsvertrieb
- **in der BRD und Berlin(West)** an eine Buchhandlung oder an die Auslieferungsstelle KUNST UND WISSEN, Erich Bieber OHG, D-7000 Stuttgart 1, Wilhelmstraße 4–6
- **in den übrigen westeuropäischen Ländern** an eine Buchhandlung oder an die Auslieferungsstelle KUNST UND WISSEN, Erich Bieber GmbH, CH-8008 Zürich, Dufourstraße 51
- **im übrigen Ausland** an den Internationalen Buch- und Zeitschriftenhandel; den Buchexport, Volkseigener Außenhandelsbetrieb der Deutschen Demokratischen Republik, DDR-7010 Leipzig, Postfach 160; oder an den AKADEMIE-VERLAG, DDR-1086 Berlin, Leipziger Straße 3–4

Zeitschrift „Isotopenpraxis"

Herausgeber: Im Auftrag des Akademie-Verlages herausgegeben von Prof. Dr. Justus Mühlenpfordt
Verlag: Akademie-Verlag, DDR-1086 Berlin, Leipziger Straße 3–4, PF-Nr. 1233; Fernruf: 2236229; Telex-Nr.: 114420;
Bank: Staatsbank der DDR, Berlin, Kto.-Nr.: 6836-26-20712
Verantwortlich für den Inhalt des Heftes: Prof. Dr. H. Hübner, Leipzig
Anschrift der Redaktion (Fernruf Frau H. Schier: 6351177) der Zeitschrift Isotopenpraxis: Akademie-Verlag, DDR-1086 Berlin, Leipziger Str. 3–4, PF-Nr. 1233
Veröffentlicht unter der Lizenznummer 1527 des Presseamtes beim Vorsitzenden des Ministerrates der Deutschen Demokratischen Republik
Gesamtherstellung: VEB Druckerei „Thomas Müntzer", DDR-5820 Bad Langensalza
Erscheinungsweise: Die Zeitschrift „Isotopenpraxis" erscheint monatlich. Die 12 Hefte eines Jahrganges bilden einen Band. Bezugspreis je Band 180,– M zuzüglich Versandspesen Preis für die DDR 108,– M) Preis je Heft 15,– (Preis für die DDR 9,– M)
Bestellnummer dieses Heftes: 1079/19/4

AN (EDV) 12831

ISOTOPENPRAXIS

Band 19 (1983) Heft 4, S. 105—144

Redaktion und Verlag: Akademie-Verlag, Redaktion Isotopenpraxis, 1086 Berlin, Leipziger Straße 3—4

Inhaltsverzeichnis

Contents

A. K. El-Sharnouby

Urantrennung unter Verwendung eines natürlichen Ionenaustauschers *(in Englisch)*

Isotopenpraxis **19** (1983) H. 4, S. 124 bis 127
6 Abb., 1 Tab., 10 Lit.

Die beiden mineralischen Ionenaustauscher Filtrolit und Vermiculit wurden zur Trennung von Uran geringer Konzentration (10^{-2} – 10^{-1} g/l) aus seiner Lösung eingesetzt. Ein Säulenexperiment wurde durchgeführt, um den Trennfaktor des Urans zu ermitteln. Im ersten Teil des Säulenexperiments zeigt das Filtrolit einen niedrigen Uran-Trennfaktor. Nach 10 Bettvolumina betrug der Trennfaktor für die Uranlösung mit einer Konzentration von 10^{-1} g/l ca. 3,3, d. h. 70 % des Urans aus der ursprünglichen Lösung waren vom Austauscher adsorbiert. Andererseits zeigt das Vermiculit einen verhältnismäßig hohen Trennfaktor. Nach 100 Bettvolumina betrug der Trennfaktor bei einer Urankonzentration von 10^{-1} g/l wischen 8 und 44, d. h. 88 bis 98 % des Urans der ursprünglichen Lösung waren adsorbiert. Die Anwesenheit von Na^+, K^+, Ca^{2+} und Mg^{2+} in der Uranlösung verringerte die Uranadsorption durch das Vermiculit.

G. Müller

Möglichkeiten einer Kostenoptimierung bei der Herstellung von stabilisotop markierten Präparaten

Isotopenpraxis **19** (1983) H. 4, S. 127 bis 128
1 Abb., 1 Tab., – Lit.

Für die Markierung von Stoffen durch wiederholten diskontinuierlichen Isotopenaustausch wird die kostengünstigste Anzahl der Arbeitsschritte berechnet. Parameter für die Berechnungen sind erstens das Verhältnis der Kosten für einen Arbeitsschritt und der Kosten des pro Arbeitsschritt einzusetzenden Markierungsmittels und zweitens eine Beziehung zwischen der konstanten Isotopenhäufigkeit des Markierungsmittels und der des Produktes am Anfang und am Ende der Operation.

Kurze Originalmitteilungen

G. Franke, B. Schneider, H. R. Schütte

Synthesen radioaktiv markierter Verbindungen
49. Mitt. Darstellung von [2-^{14}C]2,4-Dichlorphenoxyessigsäureethylenglykoldiester und [2-^{14}C]2-Methyl-4-chlorphenoxyessigsäureethylenglykoldiester

Isotopenpraxis **19** (1983) H. 4, S. 129
– Abb., – Tab., 4 Lit.

M. F. Abdel-Wahab, M. Faruq, R. Yazid

Die Verteilung von ^{131}I-Radioinsulin in Albino-Ratten nach subkutaner Injektion *(in Englisch)*

Isotopenpraxis **19** (1983) H. 4, S. 130 bis 132
4 Abb., – Tab., 7 Lit.

M. Atanasiu, I. Hodor, G. Văsaru

Einige Bemerkungen zur Beziehung zwischen Trennfaktor und Wandtemperatur in einer Thermodiffusionskolonne *(in Englisch)*

Isotopenpraxis **19** (1983) H. 4, S. 132
1 Abb., – Tab., 4 Lit.

Aus der Praxis

R. Dreyer, S. Riedel, I. Dreyer

Zu einigen Fragen der Radiochemieausbildung an der TU Dresden, Sektion Chemie

Isotopenpraxis **19** (1983) H. 4, S. 133 bis 136
2 Abb., 5 Tab., 1 Lit.

Tagungsberichte

Isotopenpraxis **19** (1983) H. 4, S. 137 bis 139

Informationen

Isotopenpraxis **19** (1983) H. 4, S. 139 bis 141

Buchbesprechungen

Isotopenpraxis **19** (983) H. 4, S. 141 bis 144

A. K. El-Sharnouby

Separation of Uranium by Using Natural Ion Exchangers *(in English)*

Isotopenpraxis **19** (1983) No. 4, p. 124 to 127
6 Fig., 1 Tab., 10 Ref.

Two mineral ion exchangers filtrolite and vermiculite were used to separate low concentration of uranium (10^{-2} – 10^{-1} g/l) from its solution. Column experiment was carried out to determine the separation factor of uranium. In the first part of the column experiment, filtrolite shows low separation factor of uranium. The separation factor for uranium solution of concentration 10^{-1} g/l after ten bed volumes was about 3 3; i.e. 70 % from the uranium in the initial solution were fixed on the exchanger. On the other hand, vermiculite shows a relatively higher separation factor. For uranium concentration 10^{-1} g/l the separation factor using 100 bed volumes, was between 8 and 44; i.e. 98 % from the uranium in the initial solution were fixed. Pressure of Na^+, K^+, Ca^{2+}, and Mg^{2+} in the uranium solution decreased the uptake of uranium by the vermiculite.

G. Mueller

Cost Optimizatioe for the Production of Stable Isotope Labelled Compounds

Isotopenpraxis **19** (1983) No. 4, p. 127 to 128
1 Fig., 1 Tab., – Lit.

The number of operation steps for substance labelling by repititive discontinuous isotope exchange at minimum cost is calculated. Parameters for the calculations are, first, the ration of costs per operation step and of the labelling agent per step and, second, a relation between the isotope abundance of the labelling agent, which is considered to be constant, and of the initial and final product.

Letters to the Editor

G. Franke, B. Schneider, H. R. Schuette

Synthesis of Radioactive Labelled Compounds
Part 49: Preparation of [2-^{14}C]2,4-Dichlorophenoxacetic acid ethylene glycol diester and [2-^{14}C]2-Methyl-4-chlorophenoxacetic acid ethylene glycol diester

Isotopenpraxis **19** (1983) No. 4, p. 129
– Abb., – Tab., 4 Ref.

M. F. Abdel-Wahab, M. Faruq, R. Yazid

The Distribution of Radioinsulin-^{131}I in Albino Rats following Subcutaneous Injection *(in English)*

Isotopenpraxis **19** (1983) No. 4, p. 130 to 132
4 Fig., – Tab., 7 Ref.

M. Atanasiu, I. Hodor, G. Văsaru

Some Remarques on the Behaviour of the Separation Factor versus Wall Temperatures in a Thermal Diffusion Column *(in English)*

Isotopenpraxis **19** (1983) No. 4, p. 132
1 Fig., – Tab., 4 Ref.

From Practice

R. Dreyer, S. Riedel, I. Dreyer

On some Issues of Training in Radiochemistry at the Dresden Technical University, Section Chemistry

Isotopenpraxis **19** (1983) No. 4, p. 133 to 136
2 Fig., 5 Tab., 1 Ref.

Meetings

Isotopenpraxis **19** (1983) No. 4, p. 137 to 139

Information

Isotopenpraxis **19** (1983) No. 4, p. 139 to 141

New Books

Isotopenpraxis **19** (1983) No. 4, p. 141 to 144

Grundlagen und Anwendung von Gastargets zur Empfindlichkeitssteigerung massenspektroskopischer Methoden

S. Becker, H.-J. Dietze

(Zentralinstitut für Isotopen- und Strahlenforschung der Akademie der Wissenschaften der DDR)[1])

Gastargets können in massenspektroskopischen Gerätesystemen entweder zur Empfindlichkeitssteigerung, indem das "back-ground"-Spektrum auf ein Minimum reduziert wird, oder zur hochempfindlichen Strukturanalyse organischer Verbindungen eingesetzt werden. Die mit Gastargets arbeitenden ultraempfindlichen Massenspektrometer ermöglichen eine hochempfindliche Bestimmung von Isotopenhäufigkeiten und Spurenkonzentrationen bis 10^{-15} g/g unter Einsatz minimaler Probenmengen in geologischem, biologischem und technischem Probenmaterial.

Keywords

atomic ions; charge-exchange interactions; dissociation; mass spectroscopy; molecular ions; scattering; sensitivity; stripping

1. Einleitung

Massenspektroskopische Methoden sind wegen ihres außerordentlich hohen Nachweisvermögens und ihrer hohen Empfindlichkeit besonders für den Nachweis geringster Spurenkonzentrationen und zur Analyse kleinster Probenmengen geeignet. Mit Massenspektrometern können Verunreinigungen in Gasen, Flüssigkeiten und Feststoffen im ppb-Bereich ohne Schwierigkeiten nachgewiesen werden, wobei für ausgewählte Elemente Nachweisgrenzen von $\approx 10^{-2}$ ppb [1, 2] erreicht werden. Strukturanalysen organischer Verbindungen lassen sich mit extrem geringen Probenmengen, im allgemeinen 10^{-9} g bis 10^{-12} g für eine Analyse, durchführen, wobei dem Massenspektrometer meist Trenn- und Anreicherungsstufen vorgeschaltet werden (GC-MS, LC-MS).

Die Absolutempfindlichkeit massenspektrometrischer Methoden mit statischen Ionentrennsystemen für die Feststoffanalyse schwankt zwischen 10^{-8} und 10^{-14} g, wenn entsprechend empfindliche Ionisationsmethoden, wie z.B. die thermische Oberflächenionisation, die Funkenionisation oder die Laserionisation, verwendet werden. Durch den Einsatz dynamischer Ionentrennsysteme kann wegen deren hohen Transmissionsvermögens das Nachweisvermögen verbessert werden. So ist es mit einer Kombination von Laserionenquelle und Flugzeit-Massenspektrometer gelungen, in biologischen Proben (z.B. Zellen) 10^{-19} g ^{6}Li und ^{39}K nachzuweisen [3]. Dieses hohe absolute Nachweisvermögen von Laser-Massenspektrometern dieses Typs ist jedoch mit einem geringen relativen Nachweisvermögen verbunden und scheint zudem noch auf Elemente mit kleinen Ionisationspotentialen und günstigen thermodynamischen Eigenschaften beschränkt zu sein.

Im allgemeinen wird eine Steigerung des Nachweisvermögens massenspektroskopischer Systeme durch die Existenz störender Molekülionen, die durch Interferenzen mit Analysenionen die Analysenergebnisse verfälschen, begrenzt. Durch die Anwendung neuartiger Prinzipien im Zusammenwirken bekannter und bewährter massenspektroskopischer Systeme ist es möglich, das Nachweisvermögen von Massenspektrometern bis zu 10^{-5} ppb und darüber [4] zu steigern. Eine Massenspektrometrie mit derartig hohem Nachweisvermögen wird im allgemeinen als ultraempfindliche Massenspektrometrie bezeichnet. Als eines solcher neuartigen Prinzipien, welches eine ultraempfindliche Massenspektrometrie ermöglicht, ist der Einsatz von Gastargets[2]) in der Massenspektrometrie anzusehen. Es lassen sich zwei grundsätzliche Anwendungsmöglichkeiten für Gastargets erkennen:

1. Anwendung von Gastargets zur massenspektroskopischen Spuren-, Isotopen- und Verteilungsanalyse in anorganischem Probenmaterial, wobei auf eine vollständige Dissoziation der störenden Molekülionen durch die im Gastarget stattfindenden Stoßprozesse orientiert wird;
2. Anwendung von Gastargets zur Strukturanalyse organischer Verbindungen durch „gesteuerte" stoßinduzierte Fragmentierungsprozesse im Gastarget.

Die enorme Leistungssteigerung ist jedoch nicht allein auf den Einsatz von Gastargets zurückzuführen, sondern sie beruht auf einer Kombination mit neuartigen Ionisationstechniken und Ionendetektionsverfahren.

Obwohl erst seit kurzer Zeit Gastargets in der Massenspektroskopie Anwendung finden, sind sie heute bereits ein wichtiges Hilfsmittel zur Steigerung der Empfindlichkeit bzw. zur Erweiterung des Anwendungsbereiches der Massenspektrometrie geworden. Mittels Gastargets lassen sich ultraempfindliche massenspektroskopische Systeme zur Isotopen- und Spurenanalyse in extrem niedrigen Konzentrationsbereichen aufbauen. Zur hochempfindlichen Strukturanalyse organischer Verbindungen lassen sich die beim Durchgang eines Molekülionenstrahls durch im Gastarget ablaufende Fragmentierungsprozesse ausnutzen. Dazu werden eine Reihe von verschiedenen Analysentechniken unter Ausnutzung dieser Prozesse entwickelt (CID-, CA-, MIKE- oder DADI-Technik). Der Einsatz von Gastargets bei der Strukturanalyse führt neben einer Steigerung der Empfindlichkeit auch zu einer wesentlichen Steigerung des Informationsgehaltes der Meßergebnisse.

Sowohl zur ultraempfindlichen Isotopen- und Spurenanalyse als auch zur Strukturanalyse werden heute bereits

[1]) Anschrift: 7050 Leipzig, Permoserstraße 15

[2]) Die Bezeichnung Gastarget leitet sich aus dem Sprachgebrauch der Kernforschung ab. Entsprechend ihrem Aufbau werden sie auch als Gaszelle (collision cell) bezeichnet.

kommerzielle massenspektrometrische Gerätesysteme mit Gastargets angeboten.

Für eine Reihe von Analysenproblemen, die der massenspektroskopischen Technik bisher nicht zugänglich waren, lassen sich derartige Geräte einsetzen [5, 6], z.B. zur massenspektrometrischen ^{14}C-Altersbestimmung, zum Nachweis und zur Isotopenhäufigkeitsbestimmung von ^{10}Be, ^{36}Cl, ^{32}Si, ^{26}Al und ^{129}I in geologischem Probenmaterial, zur Anwendung von geringsten ^{14}C- und ^{129}I-Dosen in der Radiomedizin, zum Nachweis von Doppel-β-Zerfällen in geologischem Probenmaterial, zur Bestimmung von Halbwertszeiten, beim Studium der durch Solarneutrinos hervorgerufenen Kernreaktionen und bei der Suche nach superschweren Elementen.

Einen großen Anwendungsbereich besitzen massenspektrometrische Systeme, die die Niedrigenergie-Ionen-Molekül-Reaktionen in Gastargets ausnutzen und mit dynamischen Trennsystemen arbeiten (CID-MS), z.B. die Triple-Quad-Massenspektrometer. Derartige massenspektrometrische Systeme lassen sich besonders in der Umweltanalytik, z.B. zur Analyse von Luftverunreinigungen, Emissions- und Immissionsforschung, Screening-Tests, Analyse von Wasser und Staub usw., in der Medizin und Pharmazie, z.B. für Schnellanalysen von Urin, Blut, Plasma, Drogen usw., pharmakinetische Studien und toxikologische Routineuntersuchungen mittels stabiler Isotopentracer, in der industriellen Forschung und Prozeßkontrolle und als analytisches Instrument für die geologische Erkundung, z.B. zur Analyse von Gasanomalien, Nachweis von Radon, organometallischer Verbindungen, schwefelhaltiger Verbindungen usw., einsetzen.

Im ersten Teil dieser Arbeit soll die Wechselwirkung zwischen Ionenstrahlen und den Gasteilchen eines Gastargets untersucht werden, während im zweiten Teil die Anwendungen von Gastargets in der Massenspektroskopie diskutiert werden.

2. Wirkungsprinzipien eines Gastargets

Ein Gastarget ist nach dem in Abb. 1 dargestellten Schema aufgebaut. Das Stoßgas (z.B. He oder Ar) wird mittels eines Mikrodosierventils in die Stoßkammer eingelassen, in der Drücke zwischen 10^{-2} und 10^{-4} Torr eingestellt werden. Ein differentielles Pumpsystem verhindert einen Druckausgleich zwischen der Stoßkammer und dem umgebenden Ultrahochvakuum. Wird ein Ionenstrahl, der aus Atomionen, anorganischen Molekülionen und organischen Ionen zusammengesetzt sein kann, durch ein Gastarget geschossen,

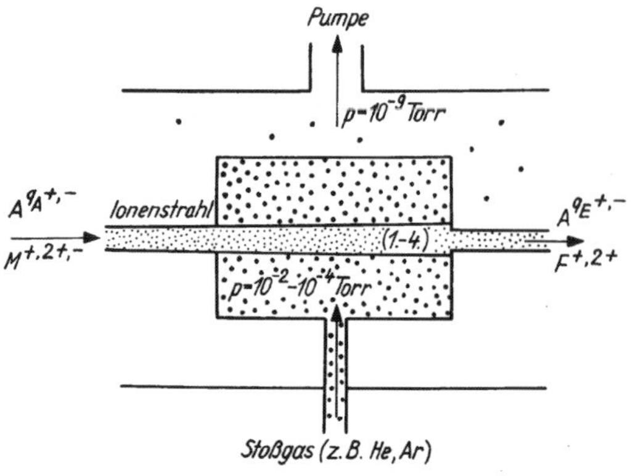

Abb. 1. Wirkungsprinzipien eines Gastargets

finden in ihm in Abhängigkeit von der kinetischen Energie der eingeschossenen Ionen im wesentlichen vier Prozesse statt:

1. Ladungswechselprozesse

   $A^{q_A+,-} \rightarrow A^{q_E+,-}$

   wobei folgende Fälle unterschieden werden:

   charge stripping: $q_E > q_A$
   charge exchange: $q_E < q_A$
   charge inversion: $- \rightarrow +$

2. Dissoziation von Molekül- in Fragmentionen

   $M^{+,2+,-} \rightarrow F_1^{+,2+} + F_2^{+,2+} + F_3$

3. Energiestreuung
4. Winkelstreuung

Diese vier Prozesse können bei Primärionenenergien von einigen eV bis an die praktikable obere Grenze im MeV-Bereich nicht nur in Gastargets, sondern auch in Feststofftargets (dünne Folien) beobachtet werden.

Schema: Wechselwirkung (WW) von Ionen in Gas- oder Feststofftargets in Abhängigkeit von der Ionenenergie

I. Allgemeiner Verlauf der WW; II: WW im Niedrigenergiebereich (0 – 1 keV); III: WW im Mittel- und Hochenergiebereich ($1 - 10^5$ keV)

I.

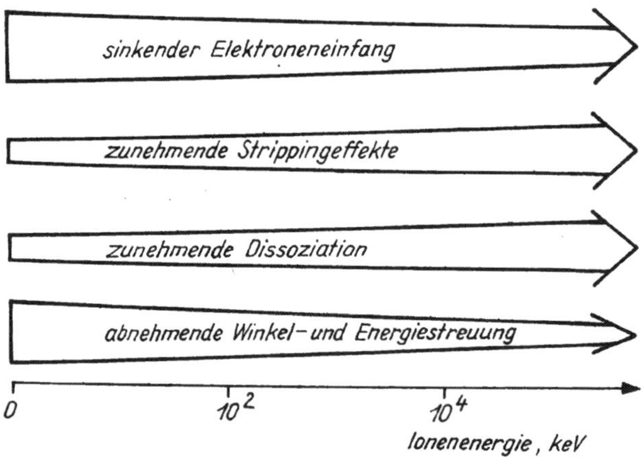

II. Niedrigenergie-Ionen-Molekül-Reaktionen (eV-Bereich) in Gastargets [10 – 12] massenspektrometrische Untersuchungen von:

a) Ladungswechselprozesse

   $A^+ + B$ (Gastarget) $\rightarrow A + B^+$

   oft mit anschließender Dissoziation von B^+

   z.B. $Xe^+ + C_2H_4 \rightarrow Xe + CH_2^+ + CH_2$ [10]

b) Übertragung eines Fragmentions von A^+ oder B während der Stöße

   z.B. $Ar^+ + H_2 \rightarrow ArH^+ + H$ [13]

   $U^+ + N_2 \rightarrow UN^+ + N$ [14]

c) Reaktionen bei wachsendem Druck in der Stoßkammer [15]

d) Chemische Ionisation in der Ionenquelle

0 — 1 →
Ionenenergie, keV

III.

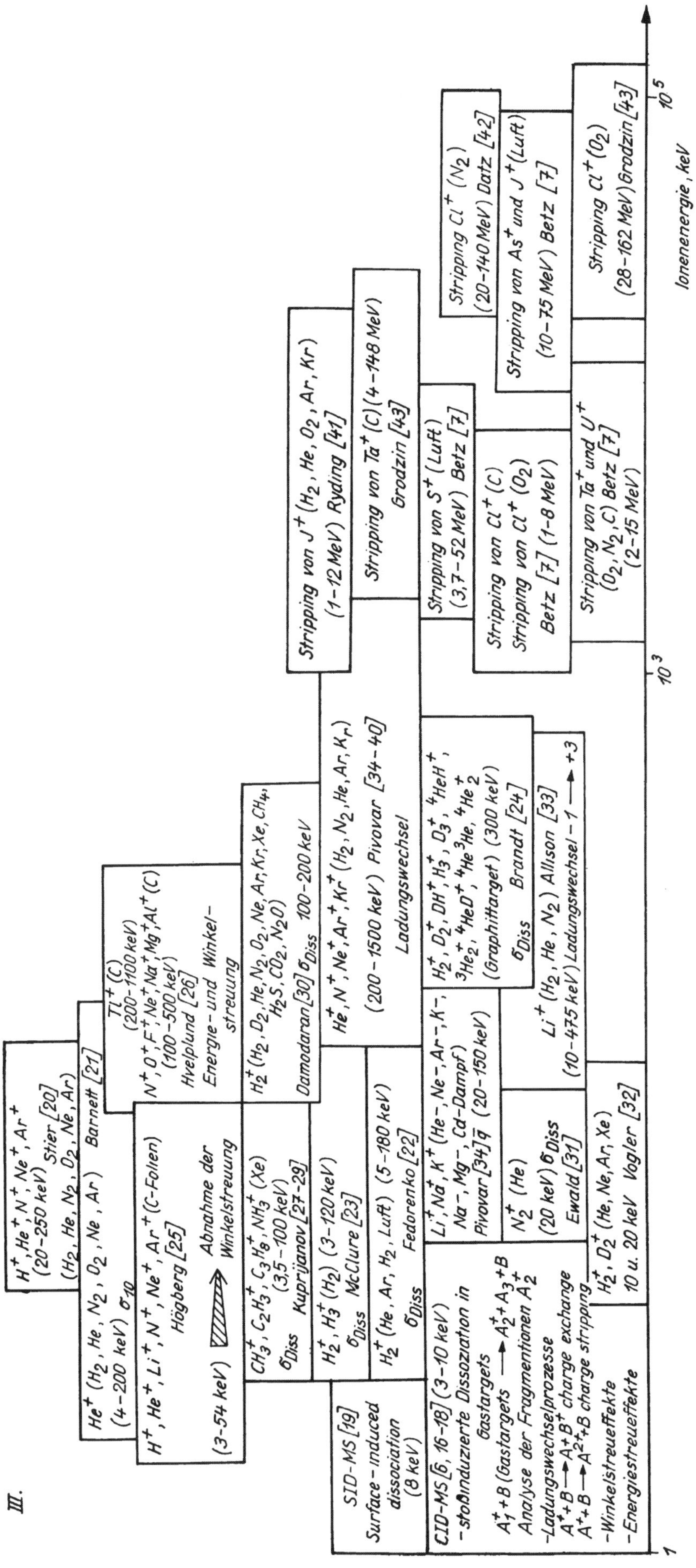
$H^+, He^+, N^+, Ne^+, Ar^+$ (20–250 keV) Stier [20]
(H_2, He, N_2, O_2, Ne, Ar) Barnett [21]
He^+ (H_2, He, N_2, O_2, Ne, Ar) σ_{10} (4–200 keV)
$H^+, He^+, Li^+, N^+, Ne^+, Ar^+$ (C-Folien) Högberg [25]
(3–54 keV) Abnahme der Winkelstreuung
Tl^+ (C) (200–1100 keV)
$N^+, O^+, F^+, Ne^+, Na^+, Mg^+, Al^+$ (C) (100–500 keV) Hvelplund [26]
Energie- und Winkelstreuung
$CH_3^+, C_2H_3^+, C_3H_8^+, NH_3^+$ (Xe) (3,5–100 keV) σ_{Diss} Kuprijanov [27–29]
H_2^+ (H_2, D_2, He, N_2, O_2, Ne, Ar, Kr, Xe, CH_4, H_2S, CO_2, N_2O)
Damodaran [30] σ_{Diss} 100–200 keV
H_2^+, H_3^+ (H_2) (3–120 keV) σ_{Diss} McClure [23]
H_2^+ (He, Ar, H_2, Luft) (5–180 keV) σ_{Diss} Fedorenko [22]
$He^+, N^+, Ne^+, Ar^+, Kr^+$ (H_2, N_2, He, Ar, Kr) (200–1500 keV) Pivovar [34–40]
Ladungswechsel
SID-MS [19] Surface-induced dissociation (8 keV)
CID-MS [6, 16–18] (3–10 keV)
– stoßinduzierte Dissoziation in Gastargets
$A_1^+ + B$ (Gastargets $\longrightarrow A_2^+ + A_3^+ + B$
Analyse der Fragmentionen A_2^+
– Ladungswechselprozesse
$A^+ + B \longrightarrow A + B^+$ charge exchange
$A^+ + B \longrightarrow A^{2+} + B$ charge stripping
– Winkelstreueffekte
– Energiestreueffekte
Li^+, Na^+, K^+ (He–, Ne–, Ar–, K–, Na–, Mg–, Cd-Dampf) Pivovar [34] $\bar{q}$ (20–150 keV)
$H_2^+, D_2^+, DH^+, H_3^+, D_3^+, {}^4HeH^+, {}^3He_2^+, {}^4HeD^+, {}^4He^3He, {}^4He_2^+$
(Graphittarget) (300 keV) σ_{Diss} Brandt [24]
N_2^+ (He) (20 keV) σ_{Diss} Ewald [31]
Li^+ (H_2, He, N_2) Allison [33] (10–475 keV) Ladungswechsel –1 ⟶ +3
H_2^+, D_2^+ (He, Ne, Ar, Xe) 10 u. 20 keV Vogler [32]
Stripping von J^+ (H_2, He, O_2, Ar, Kr) (1–12 MeV) Ryding [41]
Stripping von Ta^+ (C) (4–148 MeV) Grodzin [43]
Stripping von S^+ (Luft) (3,7–52 MeV) Betz [7]
Stripping von Cl^+ (C)
Stripping von Cl^+ (O_2)
Betz [7] (1–8 MeV)
Stripping von Ta^+ und U^+ (O_2, N_2, C) Betz [7] (2–15 MeV)
Stripping Cl^+ (N_2) (20–140 MeV) Datz [42]
Stripping von As^+ und J^+ (Luft) (10–75 MeV) Betz [7]
Stripping Cl^+ (O_2) (28–162 MeV) Grodzin [43]
1
10^3
10^5
Ionenenergie, keV

In den Schemata I bis III sind die Wechselwirkungen von Ionen mit Gas- und Feststofftargets in Abhängigkeit von der Ionenenergie und die wichtigsten durchgeführten Arbeiten zusammengestellt.

2.1. *Ladungswechselwirkungsprozesse, Winkel- und Energiestreueffekte*

Stößt ein Ion A der Ladung $p+$ mit einem neutralen Targetatom oder -molekül B zusammen, so können beim inelastischen Stoß Elektroneneinfang- ($m < p$) oder Elektronenverlustprozesse ($m > p$) stattfinden:

$$A^{p+} + B \rightarrow A^{m+} + B^{n+} + (m + n - p)\,e^-.$$

Dabei tritt eine Ladungsänderung des Projektils von $p \rightarrow m$ auf, wobei der Wirkungsquerschnitt σ_{pm} dieser charge-transfer-Reaktion ein Maß für die Wahrscheinlichkeit ihres Ablaufes ist. Die Gleichgewichtsladung ist dann erreicht, wenn mit wachsender Targetdichte (bei Gastargets entweder durch Verlängerung der Gaszelle oder durch Druckerhöhung in der Zelle) keine Veränderung der Ladungsverteilung beobachtet wird.

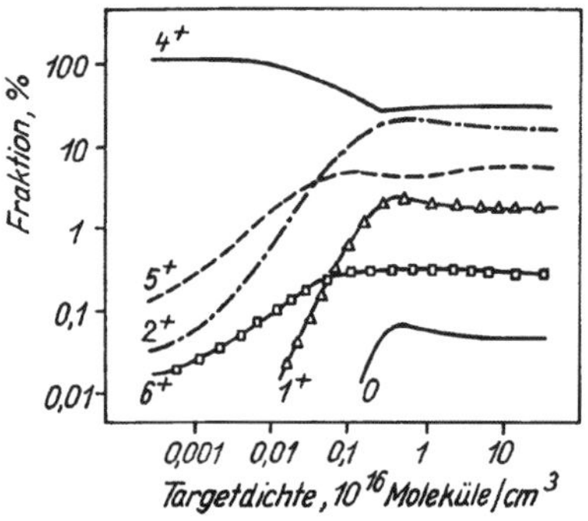

Abb. 2. Ladungsverteilung von 4 MeV Chlorionen in Abhängigkeit von der Wasserstofftargetdichte
(Länge der Stoßkammer 3,65 cm), Cl^{3+}-Fraktion wurde zur besseren Übersichtlichkeit der Graphik weggelassen [7]

In Abb. 2 ist die Ladungsverteilung für 4 MeV Cl-Ionen (in das Gastarget wurden Cl-Ionen der Ladungszahl 4+ geschossen) als Funktion der H_2-Targetdichte dargestellt [7]. Der sich bei einer Gleichgewichtstargetdichte von $\approx 10^{16}$ Moleküle/cm³ einstellende Gleichgewichtszustand ist aus dem rechten Teil der Abbildung ablesbar. Im allgemeinen arbeitet man, um Ladungswechselprozesse reproduzierbar zu gestalten, unter Gleichgewichtsbedingungen.

Stoßinduzierte Ladungsübertragungsreaktionen finden vom Niedrigenergiebereich bei Ionenenergien einiger eV bis in den Hochenergiebereich statt, wobei experimentelle

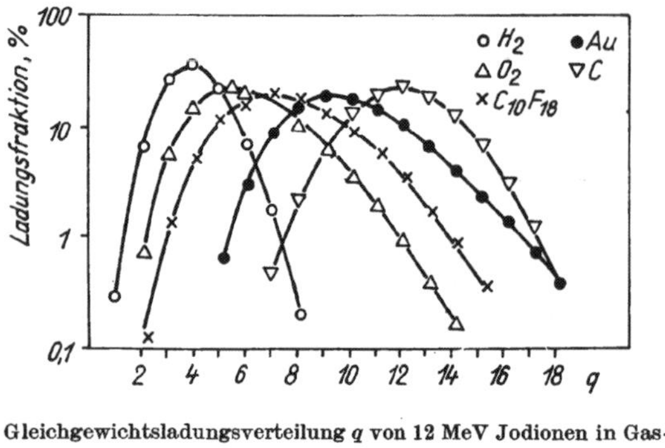

Abb. 3. Gleichgewichtsladungsverteilung q von 12 MeV Jodionen in Gas- und Feststofftargets [7]

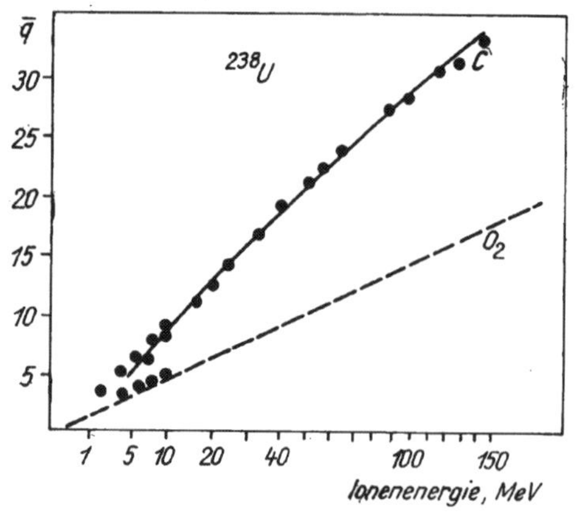

Abb. 4. Mittlere Gleichgewichtsladungsverteilung von ^{238}U-Ionen in Abhängigkeit von der Ionenenergie nach *Betz* [7]

Daten über den gesamten Energiebereich nur für die Wechselwirkung von Protonenströmen in verschiedenen Gastargets vorliegen [8, 9]. Experimentell besonders intensiv wurden die Wechselwirkungsprozesse von MeV-Ionen mit Neutralatomen eines Gastargets oder eines Feststofftargets untersucht, um unter Ausnutzung der charge-stripping-Prozesse hochgeladene Ionen für Untersuchungen in Schwerionenbeschleunigern zu gewinnen.

Als Beispiele für die Wechselwirkung schneller Ionen mit Gas- und Feststofftargets sind in Abb. 3 die Gleichgewichtsladungsverteilung von 12 MeV ^{127}I-Ionen und in Abb. 4 die mittlere Gleichgewichtsladung für ^{238}U-Ionen in Abhängigkeit von ihrer Projektilenergie dargestellt. Wie aus beiden Abbildungen zu erkennen ist, ist die mittlere Gleichgewichtsladung bei Verwendung von Feststofftargets immer größer als bei Verwendung von Gastargets.

Mit wachsender Ionenenergie steigt diese Differenz signifikant. Nach *Betz* und *Grodzins* [44] ist die Differenz der durchschnittlichen Gleichgewichtsladung $\bar{q}$ schneller Ionen beim Durchgang durch Feststoffe und verdünnte Gase hauptsächlich auf *Auger*-Prozesse zurückzuführen, welche nach dem Verlassen der Ionen des Targets stattfinden.

Diese Differenz $\bar{q}$ geht mit Verringerung der Ionenenergie auf 100 keV gegen Null. In Abb. 5 ist die mittlere Gleichgewichtsladung $\bar{q}$ der Ar- und Kr-Ionen nach der Wechselwirkung mit Gas- (Ar und N_2) bzw. Feststofftargets (Graphit) im Energiebereich von 200 bis 1000 keV dargestellt. Ein Sinken der Gleichgewichtsladungsverteilung mit abnehmender Ionenenergie bedeutet beim Einsatz von Gas-

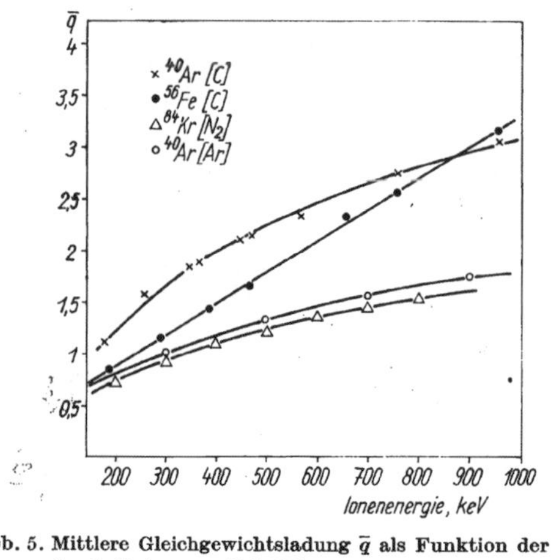

Abb. 5. Mittlere Gleichgewichtsladung $\bar{q}$ als Funktion der Ionenenergie (nach Daten von *Betz* [7])

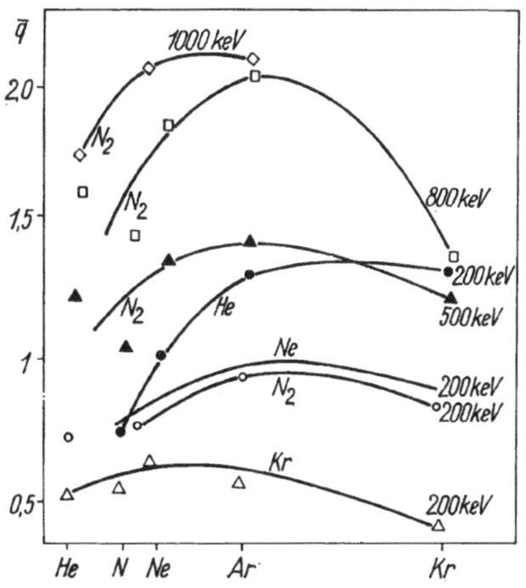

Abb. 6. Mittlere Gleichgewichtsladung $\bar{q}$ für He-, N_2-, Ne-, Ar- und Kr-Ionen unterschiedlicher Energie in Gasen (nach *Pivovar* [34 – 40])

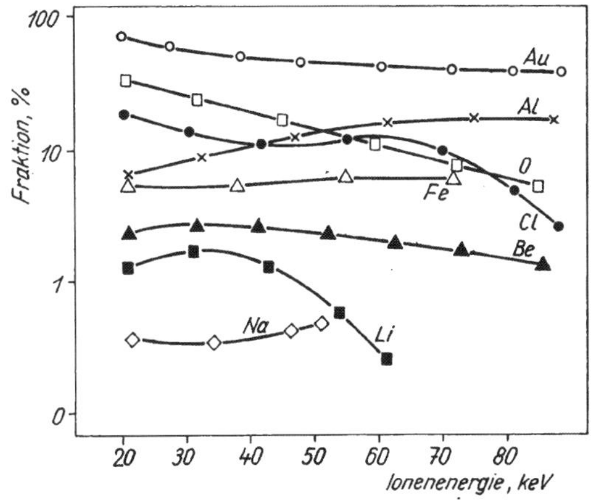

Abb. 7. Gleichgewichtsfraktion für negative Ionen, die durch charge exchange positiver Ionen in Natriumdampf erzeugt werden, als Funktion der Ionenenergie (experimentelle Daten nach *Heinemeier* und *Hvelplund* [45])

targets unter Verwendung niedriger Ionenenergien, daß mit signifikanten Ionenstromverlusten als Folge von Elektroneneinfangprozessen gerechnet werden muß.

Jedoch sind bei Verwendung von Feststofftargets infolge von Energie- und Winkelstreueffekten — hervorgerufen durch Kernstöße — wesentlich höhere Intensitätsverluste als bei dünnen Gastargets zu erwarten. Der Einfluß der Art des Targetgases, der Ionenenergie und der Masse der Ionen auf die mittlere Gleichgewichtsladung wird aus Abb. 6 ersichtlich. Auch in dieser Darstellung ist mit steigender Ionenenergie eine Zunahme der mittleren Gleichgewichtsladung zu erkennen. Die Abhängigkeit $\bar{q}$ von der Masse der Ionen ist jedoch wegen der wenigen Meßpunkte nicht abgesichert.

Wie auch durch andere Experimente bestätigt wurde [20, 7], ist Helium für Ionenenergien bis ca. 2 MeV als Strippergas besonders geeignet. Dagegen können für die Rückladung von Ionen höherer Ladungszustände in niedrigere Argon- oder Kryptongastargets Anwendung finden. Verwendet man z.B. Alkalidämpfe in Gastargets, so können durch Rückladung sogar intensive negativ geladene Ionenströme erzeugt werden (Abb. 7).

Über die charge-exchange-Prozesse positiver Ionen mit Alkalidämpfen können Ströme negativer Ionen auch von solchen Elementen erzeugt werden, die geringe Elektronenaffinitäten oder Sputterausbeuten [46, 47] besitzen (z.B. Li^-, B^-, Na^-, Al^-, Fe^-) oder die nur negative Ionen in doppelt angeregten metastabilen Zuständen bilden (z.B. Be^-, Ca^-). Die Erzeugung von Ionenströmen negativer Ladung mittels Gastargets hat für die ultraempfindliche Massenspektroskopie mit Tandem-Beschleunigern eine große Bedeutung [5]. Eine interessante Anwendung des Gastargets ist die FAB-Ionenquelle (**F**ast **A**tom **B**ombardment) [57], deren Wirkungsweise auf einem charge-exchange-Prozeß beruht. Ar^+-Ionen werden mit einer Ionenenergie zwischen 2 und 10 keV durch eine neutrale Ar-Atome enthaltende Stoßkammer beschleunigt. Es findet ein Ladungsaustausch statt, und ein Ar-Atomstrahl verläßt die Ionenquelle mit der kinetischen Energie der ursprünglichen Ar^+-Ionen. Mit dem Ar-Atomstrahl wird die Probenoberfläche beschossen, und es werden Ionen der zu untersuchenden Substanz erzeugt.

Beim Durchgang von Ionen durch Gas- oder Feststofftargets treten neben Ladungswechselprozessen Winkel- und Energiestreueffekte auf, die besonders bei relativ geringen Ionenenergien berücksichtigt werden müssen. Wie Untersuchungen von *Högberg* et al. [25] zeigen, wachsen Winkelstreueffekte mit

— wachsender Targetdichte
— sinkender Ionenenergie und
— steigender Masse der Projektil- und Targetteilchen.

Winkelstreueffekte führen nicht nur zu Intensitätsverlusten, sondern auch zu Linienverbreiterungen im Massenspektrum und sollten durch eine optimale Parameterwahl so gering wie möglich gehalten werden.

Energieverluste, die die Ionen beim Passieren eines Targets erleiden, sind von ähnlicher Bedeutung. Sie sind das Resultat zweier unterschiedlicher Prozesse. Einmal führen elastische Stöße mit dem geschwindigkeitsbegrenzenden Medium (Kernstöße) und zum anderen inelastische Stöße, die elektronische Anregung, Ionisation oder Ladungsaustausch hervorrufen (elektronische Stöße), zu Energieverlusten der Teilchen des Ionenstrahls.

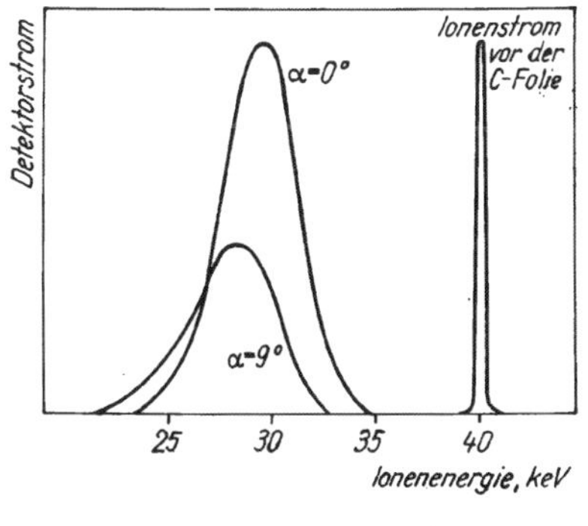

Abb. 8. Energieverteilung von 40 keV N^+-Ionen (5,7 µg/cm² C-Folie)

In Abb. 8 sind die Energieprofile von 40 keV N^+-Ionen beim Durchgang durch eine Kohlenstoff-Folie für die nicht gestreute Fraktion und für eine Winkelstreuung von 9° dargestellt. Man kann erkennen, daß der Energieverlust mit wachsendem Streuwinkel steigt. Energieverluste wachsen ebenso wie Winkelstreueffekte mit zunehmender Masse der Ionen und Targetteilchen und sinkender Ionenenergie. Abb. 9 zeigt den Energieverlust in Helium-, Argon- und Xenontargets als Funktion der Ionenenergie und der Ordnungszahl der Ionen. Der absolute Energieverlust für $^{14}N^+$- und $^{209}Bi^+$-Ionen in He- und Xe-Gastargets in Abhängigkeit von der Ionenenergie ist aus Abb. 10 zu erkennen.

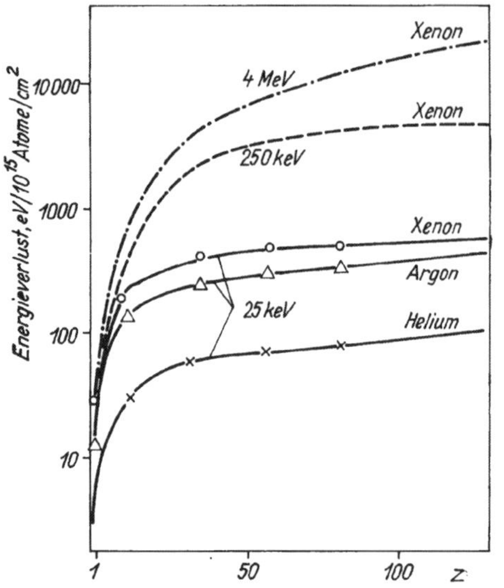

Abb. 9. Energieverluste von Ionenströmen unterschiedlicher Energie und Ordnungszahl in verschiedenen Gastargets

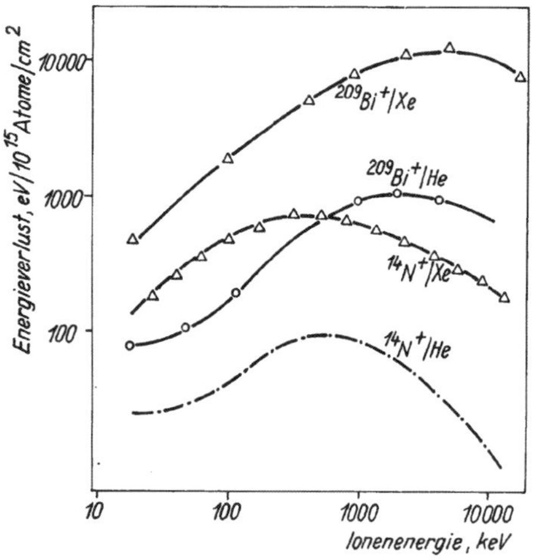

Abb. 10. Energieverlust für $^{14}N^+$- und $^{209}Bi^+$-Ionen in Helium und Xenon als Funktion der Ionenenergie

Mit wachsender Ionenenergie nimmt der relative Energieverlust der Ionen stark ab. Beim Durchgang von ^{209}Bi-Ionen durch ein Xe-Gastarget sinkt beispielsweise der relative Energieverlust für 25-keV- bzw. 10-MeV-Ionen von 2,2% auf 0,01%. Die Energieverluste sind selbst bei schweren Ionen und Gastargets hoher Teilchenmasse so gering, daß auch bei Ionenenergien um 25 keV die massenspektroskopische Analyse der Ionen mit Hilfe doppelfokussierender Systeme ohne Schwierigkeiten durchführbar ist.

2.2. *Dissoziation von Molekülionen bei ihrer Wechselwirkung mit den Neutralteilchen des Gastargets*

Die Dissoziationsenergien anorganischer und organischer Molekülionen betragen im allgemeinen einige eV. Es ist demzufolge möglich, daß stoßinduzierte Zerfallsprozesse schon bei der Wechselwirkung der Ionen mit Energien einiger eV mit gasförmigen Atomen oder Molekülen stattfinden.

Der stoßinduzierte Zerfall eines Molekülions A^+

$$A_1^+ + B \rightarrow A_2^+ + A_3 + B$$

stellt eine dissoziative Ionen-Molekülreaktion dar.

Man unterscheidet als Funktion der Ionenenergie drei Arten der stoßinduzierten Dissoziation:

1. Ionen geringer kinetischer Energie (im eV-Bereich) werden im Gastarget an den Neutralteilchen elastisch gestreut, wobei Schwingungs- und Rotationsanregung des Molekülions über das Dissoziationslimit seines ursprünglichen elektronischen Zustands erfolgen, so daß anschließend der Zerfall des angeregten Molekülions stattfinden kann.
2. Bei Primärionenenergien im keV-Bereich dominiert die reine elektronische Anregung des Molekülions A_1^+ nach dem Zusammenstoß mit einem Targetteilchen B in A_1^{+*} (*Franck-Condon*-Prinzip; Abb. 11). Die elektronische Anregung wird in Schwingungsanregung konvertiert, die sich innerhalb einiger Pikosekunden über das Molekülion statistisch verteilt.

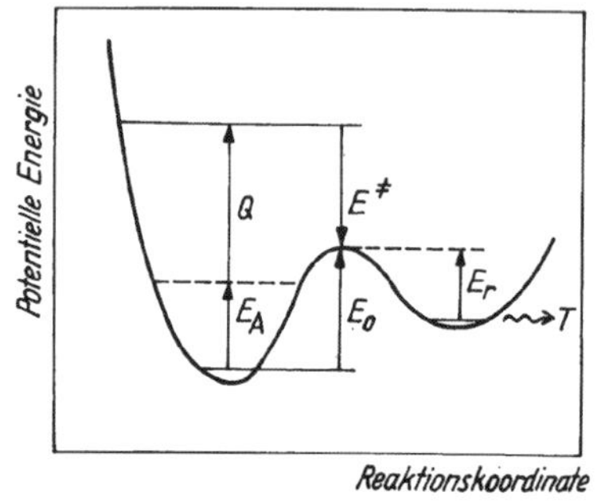

Abb. 11. Energieübertragung beim stoßinduzierten Zerfall
E_A – mittlere Anregungsenergie; Q – Translationsenergie

Das angeregte Ion zerfällt nach Überwindung der Aktivierungsschwelle E_0 in ein Fragmention A_2^+ und ein Neutralteilchen A_3. Die nicht benötigte Überschußenergie ("non fixed energy") sowie die Aktivierungsenergie der Rückreaktion E_r werden als Translationsenergie T frei, was sich in einer Signalverbreitung im Massenspektrum ausdrückt. Die Dissoziationszeiten werden mit 10^{-13} bis 10^{-14} s angegeben.
3. Mit wachsender Ionenenergie steigen sowohl die Reaktionsquerschnitte für Dissoziations- und Stripping-prozesse.
Bei der Wechselwirkung von Ionen mit Neutralgasteilchen im MeV-Bereich verlieren die Ionen leicht mehrere Valenzelektronen. Während die Atomionen selbst beim Verlust aller Elektronen so stabil bleiben, daß hohe Ladungszustände in Massenspektrographen nachweisbar sind, wird ein Molekülion beim Verlust seiner Bindungselektronen äußerst instabil und unterliegt wegen der abstoßenden Kräfte im hochangeregten Ion einer *Coulomb*explosion, wobei zwei oder mehrere Fragmente entstehen können.

3. Anwendung von Gastargets in der Massenspektroskopie

Diese drei Arten der stoßinduzierten Dissoziation in Gastargets werden in den drei folgenden Typen von Massenspektrometern genutzt:

1. Massenanalysatoren aus mehreren hintereinandergeschalteten Ionentrennsystemen (MS-MS-Systeme), z.B. mit zwei oder drei Quadrupolen, bei denen die kinetische Energie der Ionen im eV-Bereich liegt;

2. doppelfokussierende Systeme mit klassischen statischen Trennsystemen, die mit Ionenenergien im keV-Bereich arbeiten (CID — collision induced dissociation — oder CA — collision activation, MIKE — mass analyzed ion kinetic energy — und DADI — direct analyzed of daughter ions)
3. elektrostatische Tandem-Beschleunigersysteme mit Teilchenenergien im MeV-Bereich

Zur ersten Gruppe von massenspektrometrischen Systemen mit Gastargets gehören Tandem-Massenspektrometer, die zur hochempfindlichen Spuren- und Strukturanalyse genutzt werden.

So verwenden z.B. *Yost* und *Enke* [6, 17] für eine hochempfindliche Strukturanalyse mit der MS-MS-Technik Quadrupol-Massenspektrometer sowohl mit zwei als auch mit drei Quadrupol-Massenfiltern. Bei dieser Technik werden die im ersten Quadrupol selektierten Ionenspezies (Ionenenergie 3 bis 50 eV) einer bestimmten Masse im darauffolgenden Gastarget fragmentiert, wobei durch definierte Fragmentationsprozesse die Selektivität der Technik gegenüber konventionellen, ohne Gastarget arbeitenden massenspektroskopischen Systemen enorm erhöht wird. Ein zweiter Quadrupol, in dem sich auch gleichzeitig das Gastarget befindet, bewirkt die Fokussierung gestreuter Ionen, womit ein hoher Wirkungsgrad des Gastargets und eine weitere Steigerung der Selektivität erreicht werden. Die durch die Wechselwirkung der „parent ions“ mit den Neutralteilchen des Gastargets gebildeten Fragmentionen werden im 3. Quadrupol massenanalysiert.

Über eine Computerauswertung wird ein dreidimensionales Fragmentierungsspektrum erhalten, wobei neben der Konzentrationsbestimmung und Strukturanalyse zusätzliche Informationen über die physikalischen Eigenschaften der Verbindungen und Fragmente, über deren Zerfalls- und Bildungsmechanismen gemacht werden können. Einzelheiten über die Wirkungsweise, Anwendungsbereiche und Ergebnisse ultraempfindlicher Massenspektroskopie sind einer weiteren Arbeit vorbehalten [48].

Die zweite Art der stoßinduzierten Dissoziation wird in massenspektroskopischen, doppelfokussierenden Systemen mit klassischen statischen Trenneinheiten genutzt, wobei sich das Target in der feldfreien Region zwischen den Trennsystemen befindet. Für die CID- oder CA-, MIKE- und DADI-Technik werden doppelfokussierende Gerätesysteme mit umgekehrter *Nier-Johnson*-Geometrie verwendet [16].

Mit Hilfe eines magnetischen Sektorfeldes werden die zu untersuchenden Ionenspezies einer Masse selektiert. Diese treten mit Ionenenergien von 3 bis 30 keV in eine mit einem Gas gefüllte Stoßkammer ($p \approx 10^{-4}$ bis 10^{-5} Torr). Die stoßinduzierten Fragmente werden durch Variation des Potentials des elektrischen Sektorfeldes bezüglich ihrer Energie und damit bezüglich ihrer Masse analysiert.

Auch bei diesen Verfahren wird mit Hilfe der Anwendung des Gastargets die Selektivität der Fragmentierungsprozesse und damit die Empfindlichkeit der massenspektroskopischen Analyse erhöht.

Zur weiteren Verbesserung der Analysentechnik wird von *Louter* et al. [18] die Verwendung eines Nachbeschleunigungssystems (Reduzierung der relativen Energiestreuung der Fragmentionen) in einem Tandem-Massenspektrometer vorgeschlagen.

Die Grundlagen für die Anwendung von Gastargets in der Massenspektrometrie zur Strukturaufklärung organischer Ionen wurden hauptsächlich von *McLafferty* [49, 50], *Beynon* [12, 19, 51, 52] und *Jennings* [53] geschaffen. Sie untersuchten systematisch stoßinduzierte Zerfallsmechanismen und Ladungsaustauschreaktionen im Gastarget und erkannten die Bedeutung dieser Prozesse für die Analytik. Erst in den letzten Jahren wurden hochempfindliche analytische Methoden mit dem wichtigsten Hilfsmittel — dem Gastarget — entwickelt, die in zunehmendem Maße wegen ihrer hohen Empfindlichkeit und wegen des hohen Informationsgehaltes der mit Computer berechneten Spektren die konventionellen Methoden verdrängen werden.

Die Untersuchungen der genannten Autoren und Experimente von *Yost* et al. [6, 17] und *Louter* et al. [18] ergaben, daß die Ausbeuten der durch stoßinduzierte Dissoziation gebildeten Fragmentionen

- mit zunehmender Translationsenergie der stoßenden Ionen,
- mit steigendem Druck in der Stoßkammer und
- mit zunehmender Masse der Neutralteilchen wachsen.

Verwendet man Argon als Gastarget, so erhält man im Vergleich zum Stoßgas Wasserstoff 3- bis 4mal größere CID-Ausbeuten, jedoch wachsen mit steigender Masse der Atome oder Moleküle des Gastargets Winkelstreu- und Energieverluste.

So beträgt beim Durchgang von 4 keV N_2^+-Ionen durch ein He-Gastarget von 10 cm Länge mit einem Druck $p = 0{,}1$ Torr die Transmission 50%. Bei diesem Druck sinkt der Ionenstrom von N_2^+ auf $^1/_4$ seines Wertes, was vor allem auf Ladungswechselprozesse, auf eine teilweise Neutralisierung der Ionen, zurückzuführen ist.

Alle bekannten Experimente zur stoßinduzierten Dissoziation von Molekülionen mit Ionenenergien im eV- und keV-Bereich weisen auf die Unvollständigkeit der Dissoziation hin (Dissoziationsgrad $\alpha \ll 1$). Der Dissoziationsgrad α wächst mit steigender kinetischer Energie der Stoßpartner. Bei massenspektroskopischen Gerätesystemen, die mit Ionenenergien im eV- und keV-Bereich arbeiten, wird die unvollständige Dissoziation von Molekülionen im Gastarget zur hochempfindlichen Strukturanalyse ausgenutzt, wobei die Strukturaussagen der zu analysierenden Substanzen aus den im Gastarget gebildeten Fragmentionen gewonnen werden. Dagegen ist die Anwendung des Gastargets bei der massenspektroskopischen Spuren- und Isotopenanalyse auf eine Steigerung der relativen und absoluten Nachweisempfindlichkeit der Analysenmethode durch die Reduzierung der eingangs genannten Störeinflüsse (Interferenzen der Linien der zu analysierenden Atomionen mit den Molekülionen, Untergrundkontinua, „Rauschpegel“) gerichtet. Molekülionen — als Hauptstörfaktor — werden durch vollständige Dissoziation beseitigt, die beim Durchgang von Ionen sehr hoher Energie durch Gastargets oder dünne Folien stattfindet.

1977 wurde von *Purser* [54] eine Methode zur Eliminierung von Molekülionen im untersuchten Massenbereich unter Verwendung von MeV-Ionenenergien vorgeschlagen. Bei den nach der Idee von Purser entwickelten ultraempfindlichen massenspektrometrischen Gerätesystemen werden zunächst in einer Vortrennstufe Ionen einer Masse selektiert. Der zweite Teil des ultraempfindlichen Gerätes setzt sich aus einer Beschleunigungs- und einer Dissoziationsstufe zusammen, die aus einem Tandem-Beschleuniger mit Gastarget besteht. Die für die vollständige Dissoziation der Molekülionen im Gastarget erforderliche Ionenenergie erhalten die Ionen beim Durchlaufen des 1. Teils eines Tandem-Beschleunigers. Als Folge von Stripping-Prozessen der Ionen bei ihrer Wechselwirkung mit den Neutralteilchen des Gastargets zum Ladungszustand $\geqq 3+$[3]) tritt entsprechend der 3. Art des stoßinduzierten Zerfalls eine *Coulomb*-explosion der Molekülionen auf. Der Strahl gestrippter und dissoziierter Ionen wird in einer Finalstufe nach dem Gastarget im 2. Teil des Tandembeschleunigers beschleunigt und im darauffolgenden Analysatorsystem energie- und massengetrennt.

4. Zusammenfassung

Gastargets sind ein wichtiges Hilfsmittel zur Verbesserung des Leistungsvermögens massenspektroskopischer Methoden. Die im Gastarget bei der Wechselwirkung von Ionen und neutralen Gasteilchen ablaufenden Prozesse lassen sich für eine Massenspektroskopie mit Ionenenergien im eV- bis MeV-Bereich analytisch nutzen. Die Anwendung von Gastargets erlaubt eine ultraempfindliche Massenspektroskopie, deren Leistungsparameter konventionellen massenspektroskopischen Methoden zur Isotopen-, Spuren- und Strukturanalyse weit überlegen sind.

Eingegangen am 1. 9. 1982

Literatur

[1] *A. J. Ahearn*, Trace Analyses by Mass Spectrometry, New York: Academic Press 1972
[2] *H.-J. Dietze*, Massenspektroskopische Spurenanalyse, Leipzig: Akadem. Verlagsges. Geest und Portig K.-G., 1975
[3] *V. J. Heinen, R. Wechsung, H. Vogt, I. Hillenkamp, R. Kaufmann*, in: Laserspektroskopie, Springer Verlag 1979, 257
[4] *D. Emore, B. R. Fulton, M. R. Glover, J. R. Mardsen, H. E. Gove, H. Naylor, K. R. Purser, L. R. Kilius, R. P. Beukens, R. E. Litherland*, Nature **277** (1979) 22
[5] *K. H. Purser, A. E. Litherland, H. E. Gove*, Nucl. Instr. Meth. **162** (1979) 637
[6] *R. A. Yost, C. G. Enke*, Anal. Chem. **51** (1979) 1251A
[7] *H. D. Betz*, Rev. Mod. Phys. **44** (1972) 465
[8] *H. Tawara, A. Russek*, Rev. Mod. Phys. **45** (1973) 178
[9] *V. V. Afrosimov, R. N. Iljin, E. S. Solovev*, Techn. Phys. **5** (1960) 661
[10] *E. Lindholm*, Advances in Chemistry 58, American Chemical Society, Washington, D.C. 1966, 1
[11] *J. Durup*, Recent Developments in Mass Spectroscopy 1979, Baltimore – London – Tokio: Kyoto University Park Press, 921
[12] *R. G. Cooks, J. H. Beynon, R. M. Cappioli, R. G. Lester*, Metastable Ions, Amsterdam: Elsevier Scientif Publishing Company, 1973
[13] *A. Henglein*, Advances in Chemistry 58, American Chemical Society, Washington, D.C. 1966, 63
[14] *P. B. Armentrout, R. V. Hodges, J. L. Beauchamp*, J. Chem. Phys. **66** (1977) 4683
[15] *J. Szazo*, Arkiv Fysik **31** (1966) 287
[16] *K. Levsen, H. Schwarz*, Angew. Chem. **18** (1976) 589

[3]) Die Lebensdauer dreifach positiv geladener Molekülionen wird mit $<10^{-9}$ s abgeschätzt [55]. Durch zahlreiche eigene Experimente [56] wurde die Nachweisgrenze dreifach geladener anorganischer Molekülionen mit $\leqq 10^{-10}$ berstimmt.

[17] *R. A. Yost, C. G. Enke*, J. Amer. Chem. Soc. **100** (1978) 2274
[18] *G. J. Louter, A. J. H. Boerboom, P. F. M. Stalmeier, H. H. Tuithof, J. Kistemaker*, Int. J. Mass Spectrom. Ion Phys. **33** (1980) 335
[19] *R. G. Cooks, D. T. Terwilliger, T. Ast, J. H. Beynon, T. Keongh*, J. Amer. Chem. Soc. **97** (1975) 1583
[20] *P. M. Stier, C. F. Barnett, G. E. Evans*, Phys. Rev. **96** (1954) 973
[21] *G. F. Barnett, P. M. Stier*, Phys. Rev. **109** (1958) 385
[22] *N. W. Fedorenko, W. W. Alfrosimov, R. N. Iljin, D. M. Kaminker* Zh. Eksp. Teor. Fiz. **36** (1956) 385
[23] *G. W. McClure*, Phys. Rev. **132** (1963) 1630
[24] *W. Brandt, R. Laubert, A. Ratkowski*, Nucl. Instr. Meth. **132** (1976) 57
[25] *G. Högberg, H. Norden, H. G. Berry*, Nucl. Instr. Meth. **90** (1970) 283
[26] *P. Hvelplund, E. Laegsgard, J. Ø. Olsen, E. H. Pedersen*, Nucl. Instr. Meth. **90** (1970) 325
[27] *S. E. Kuprijanov, A. A. Perov*, Zh. Tekhn. Fiz. **33** (1963) 823
[28] *S. E. Kuprijanov, A. A. Perov*, Zh. Tekhn. Khim. **42** (1968) 857
[29] *S. E. Kurpijanov, A. A. Perov*, Zh. Fiz. Khim. **39** (1965) 640
[30] *K. L. Damodaran*, Proc. Roy. Soc. **239** (1957) 382
[31] *W. Schultz, B. Meierjohann, W. Seibt, H. Ewald*, Recent Developments in Mass Spectrometry, Baltimore – London – Tokio: Kyoto University Park Press 1979, 939
[32] *M. Vogler, W. Seibt*, Z. Physik **210** (1968) 337
[33] *S. U. Allison, J. Cuevas*, M. Garcia-Munoz, Phys. Rev. **120** (1960) 1266
[34] *L. E. Pivovar, L. E. Nikolaitschuk, F. M. Trubschaninov*, Zh. Eksp. Teor. Fiz. **52** (1967) 1160
[35] *L. J. Pivovar, V. M. Tubayev, M. T. Novikov*, Zh. Eksp. Teor. Fiz. **41** (1961) 27
[36] *L. J. Pivovar, L. I. Nikolaitschuk*, Zh. Eksp. Teor. Fiz. **58** (1970) 97
[37] *L. J. Pivovar, M. T. Novikov, A. S. Dolgov*, Zh. Eksp. Teor. Fiz. **50** (1966) 537
[38] *L. J. Pivovar, L. I. Nikolaitschuk, V. M. Rashkovan*, Zh. Eksp. Teor. Fiz. **47** (1964) 1221
[39] *L. J. Pivovar, V. M. Tubayev, M. T. Novikov*, Zh. Eksp. Teor. Fiz. **48** (1965) 1023
[40] *L. J. Pivovar, M. T. Novikov, V. M. Tubayev*, Zh. Eksp. Teor. Fiz. **46** (1964) 471
[41] *G. Ryding, A. B. Wittkower, P. H. Rose*, Particle Accelerators **2** (1971) 13
[42] *S. Datz, C. D. Moak, H. O. Lutz, L. C. Northcliffe, L. B. Bridwell*, Atomic Date **2** (1971) 273
[43] *L. Grodzins, R. Valish, D. Murnick, R. J. Van de Graaf, F. Chmaran, P. H. Rose*, Phys. Lett. **24B** (1967) 282
[44] *H. D. Betz, L. Grodzins*, Phys. Rev. Lett. **25** (1970) 211
[45] *J. Heinemeier, P. Hvelplund*, Nucl. Instr. Meth. **148** (1978) 425
[46] *R. Middleton*, Nucl. Instr. Meth. **144** (1971) 373
[47] *R. Middleton*, Rev. Phys. Appl. **12** (1977) 1435
[48] *H.-J. Dietze, S. Becker*, in Vorbereitung
[49] *W. F. Haddon, F. W. McLafferty*, J. Am. Chem. Soc. **90** (1968) 4745
[50] *F. W. McLafferty, F. M. Bockhoff*, Anal. Chem. **50** (1978) 69
[51] *J. H. Beynon, F. G. Cooks, J. W. Amy, W. E. Baitinger, T. Y. Ridley*, Anal. Chem. **45** (1973) 1023A
[52] *J. H. Beynon, A. Mathias, A. E. Williams*, Org. Mass Spectrom. **3** (1970) 455
[53] *K. R. Jennings*, Int. J. Mass. Spectrom, Ion Phys. **1** (1968) 227
[54] *K. H. Purser*, U. S. Patent 4.037.100 (1977)
[55] *K. H. Purser, A. E. Litherland, J. C. Rucklidge*, Surface and Interface Analysis **1** (1979) 12
[56] *S. Becker, H.-J. Dietze*, ZfI-Mitt. **1982**, 59
[57] *M. Barber, R. S. Bordoli, R. D. Sedgwick, A. N. Tylor*, J. Chem. Soc. Chem. Commun. **7** (1981) 325

Methodische Untersuchungen zur Partialdruckmessung unter Anwendung gammastrahlender Nuklide

B. Süß, K. Hein, E. Buhrig, B. Geidel[1]), *S. Unterricker, F. Schneider*[2])

([1]) Bergakademie Freiberg, Sektion Metallurgie und Werkstofftechnik; [2]) Sektion Physik)

Es wurde eine neue Methode der Partialdruckmessung entwickelt und beschrieben. Ausgehend von der Möglichkeit radioaktive Nuklide diesbezüglich einzusetzen, wird eine Versuchsapparatur einschließlich der gewonnenen Meßergebnisse an Cd und CdP_2 unter Verwendung des Nuklids ^{115}Cd vorgestellt. Die Eignung der verwendeten Versuchseinrichtung für Partialdruckmessungen wird nachgewiesen.

Keywords

alloy systems; cadmium 115; phosphorus additions; pressure dependence; semiconductor materials; vapor pressure

1. Einleitung

Zur Durchführung von thermischen Prozessen, z.B. bei der Kristallzüchtung und Hochreinigung von Elementen und Verbindungen, sind u. a. Kenntnisse der Dampfdrücke und der Zusammensetzung von Gasphasen über festen und flüssigen Bodenkörpern von großer Bedeutung. Während für die Messung von Gesamtdrücken zahlreiche Verfahren bekannt sind, ist die Bestimmung von Partialdrücken schwierig und mit einem sehr hohen Versuchsaufwand verbunden.

So ist nach klassischen Meßprinzipien eine Partialdruckerrechnung nur über die chemische Analyse eines bei definierter Temperatur aus der Gasphase gebildeten Kondensates möglich. Diese Methoden erfordern allerdings einen umfangreichen experimentellen Aufwand. Die Anwendung der Infrarotspektrometrie ist mit hohen Anschaffungskosten und entsprechender Wartung der Versuchsapparatur verbunden. Außerdem ist auf Grund der Durchlässigkeit von Quarzglas das Ampullenmaterial für die genutzte Strahlung nur in einem begrenzten Temperaturgebiet anwendbar.

2. Grundprinzip der radioaktiven Partialdruckmessung

Entsprechend der zu bearbeitenden Thematik bestand die Aufgabe in der Entwicklung einer Partialdruckmeßmethode um z.B. Verbindungen des Typs $A^{II}B^{IV}C^{V}_{2}$ zu untersuchen. In diesem Zusammenhang waren folgende Grundforderungen zu erfüllen:

- Eignung der Methode für einen Temperaturbereich bis 1400 K und für Drücke bis 10^5 Pa,
- hohe Meßgenauigkeit der zu ermittelnden Drücke,
- möglichst einfache apparative Lösung,
- digitale Meßwertausgabe zur EDV-gerechten Versuchsauswertung.

Die Idee einer möglichen Druckmessung unter Verwendung radioaktiver Nuklide geht auf *Bousfield* [1] zurück. Aus der Literatur ist uns allerdings bisher nur eine einzige funktionstüchtige Apparatur von *Milstead* u. a. [2] bekannt, in der Graphitpartikel mit Zäsium bedampft wurden.

2.1. *Meßprinzip und Versuchsaufbau*

Die entwickelte Apparatur arbeitet nach folgendem Grundprinzip: Ein radioaktiver Bodenkörper wird in einer geschlossenen Quarzampulle bei vorgegebenem Temperaturregime teilweise verdampft. Zur Berechnung der Dampfdrücke erfolgt während des Verdampfungsvorganges die Messung der Impulsraten des Bodenkörpers und der in das freie Dampfraumvolumen verdampften Substanzmenge.

Durch die radioaktive Markierung einer Komponente i eines Bodenkörpers ist bei einer beliebigen Temperatur die in der darüber aufgebauten Gasphase befindliche Menge meßbar und bei Kenntnis der Spezies in der Gasphase eine Errechnung des Partialdruckes p_i möglich. Dabei wird ideales Verhalten der Komponenten bei der Verdampfung vorausgesetzt. Unerwünschte, das Ergebnis beeinflussende Temperaturgradienten werden durch geeignete Einstellung des thermischen Regimes und dessen Regelung vermieden. Mögliche Schichtungen der Gasphase nach ihrem spezifischen Gewicht und eventuell auftretende Kondensatdämpfe beziehungsweise Feststoffteilchen in der Gasphase werden vernachlässigt.

Der in Abb. 2 dargestellte Versuchsaufbau bildete die Grundlage für Experimente an Cd-haltigen Verbindungshalbleitern. Dabei fanden außer der Ofenanlage ausschließlich handelsübliche Geräte Verwendung. Mit Hilfe der Sofortregler war sowohl eine kontinuierliche als auch stufenweise Veränderung des Temperaturregimes möglich. Im gesamten einsetzbaren Temperaturintervall der Ofenanlage betrug die Regelgenauigkeit $\pm 1{,}5$ K. Die digitale Ausgabe der gemessenen Impulsraten gestattete eine Meßwertverarbeitung und Druckberechnung mittels eines programmierbaren Tischrechners.

2.2. *Versuchsdurchführung*

2.2.1. Auswahl des Radionuklids. Die Eignung der Methode sollte im Hinblick auf spätere Untersuchungen an Cd-haltigen Verbindungen überprüft werden. Dementsprechend bestand die Aufgabe in der Erzeugung eines radioaktiven Cd-Nuklids mit geeigneter γ-Linie. Dafür eignen sich praktisch nur (n, γ)-Reaktionen im Reaktor unter Verwendung von natürlichem Kadmium. Dieses Element mit seinen vielen

Anschriften: [1]) 9200 Freiberg, Gustav-Zeuner-Straße 5; [2]) 9200 Freiberg, Bernhard-von-Cotta-Straße 4

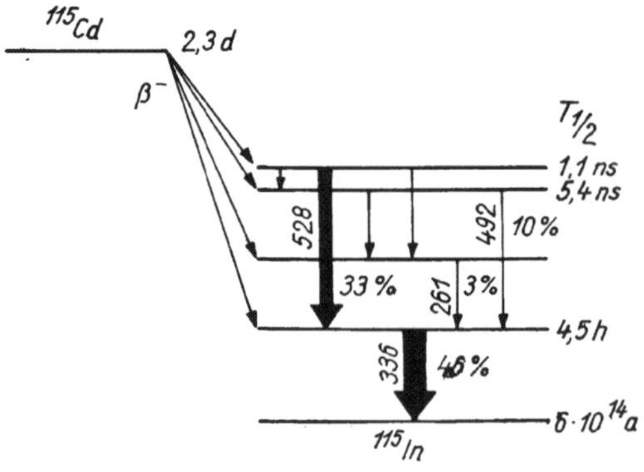

Abb. 1. Zerfallschema von ^{115}Cd nach [4]

stabilen Isotopen läßt u. a. folgende wichtige (n, γ)-Reaktionen zu [3]:

^{110}Cd(n, γ)^{111m}Cd (49 min)

^{112}Cd(n, γ)^{113}Cd (13,6 a)

^{114}Cd(n, γ)$^{115'}$Cd, $^{115''}$Cd (43 d, 53,5 h)

Die Halbwertszeiten von ^{111m}Cd und ^{113}Cd sind für die vorgesehenen Untersuchungen zu kurz bzw. zu lang, so daß nur die beiden Anregungszustände von ^{115}Cd in Frage kommen. Die kürzere und für unsere Zwecke wesentlich günstigere Halbwertszeit von 53,5 h = 2,2 d wird bei der Aktivierung bevorzugt.

Nach dem Zerfallsschema für ^{115}Cd [4], dargestellt in Abb. 1, treten Linien bei 528 keV, 492 keV, 336 keV, 260 keV und 230 keV auf. Weitere Linien gehören zu Zerfallsprodukten anderer Nuklide.

Das Energiespektrum, aufgenommen mit einem Szintillationsdetektor (Abb. 3), zeigt 4 dominierende Linien, die mit L1, L2, L3 und L4 bezeichnet werden. Diesen Linien können folgende Energien zugeordnet werden:

L4 – 528 keV, 492 keV

L3 – 336 keV

L2 – 260 keV, 230 keV, 160 keV (^{117m}Sn)

L4 und L2 setzen sich demzufolge aus mehreren Energien zusammen.

2.2.2. Untersuchungen zur radioaktiven Meßtechnik. Die mit einem Vielkanalanalysator aufgenommenen Energiespektren zeigten, daß ein Cd-Präparat etwa 2 Tage nach der Bestrahlung einsetzbar und innerhalb von 3 Wochen noch verwendbar ist, obwohl die Aktivität stark abklingt. Nach dieser Zeit überwiegen langlebige Reaktionsprodukte, die das Spektrum stark verzerren. Auffallend ist die ^{109}Ag-Linie bei 88 keV (L1), die beim Zerfall von ^{109}Cd angeregt wird. Zur

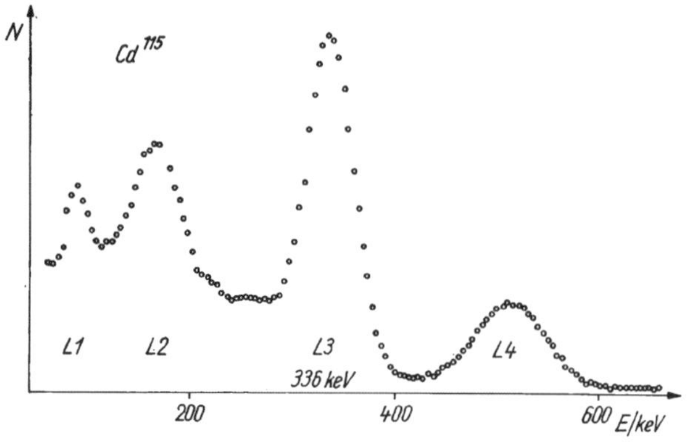

Abb. 3. Energiespektren des aktivierten natürlichen Kadmiums zwei Tage nach Ende der Bestrahlung mit Reaktorneutronen

Bestimmung der Halbwertszeit wurden Einkanalanalysatoren auf die Linien 3 und 4 eingestellt und die Impulsraten im Zeitraum von 14 Tagen gemessen. Aus der Abnahme der Peakhöhe ergibt sich $T_H = (55,7 \pm 0,8)$ h. Dieser Wert stimmt mit Literaturangaben gut überein (vgl. Tab. 1). Damit ist auch gezeigt, daß zu den Linien 3 und 4 kaum Störstrahler beitragen.

Tab. 1. Halbwertszeiten von ^{115}Cd

Halbwertszeit von ^{115}Cd	Quelle
2,2 d	[10]
2,21 d	[11]
2,23 d	[3]
2,32 d	Autoren

Hinsichtlich des Einflusses der Streustrahlung auf das Meßergebnis wurde die Möglichkeit einer Kanalausblendung untersucht. Die γ-Energien der intensivsten Linien L3 und L4 sind noch gut durch Blei abzuschirmen. Der Schwächungskoeffizient μ in der Beziehung

$$I = I_0 \cdot e^{-\mu \cdot x} \quad (1)$$

beträgt bei 500 keV für Blei etwa 2,2 cm^{-1} und damit die Halbwertsdicke $d_H = 0,3$ cm. Andererseits ist die Halbwertsdicke des Ofenmaterials größer als 4 cm, so daß die Strahlung gut durch die Ofenwandung dringt. Um das Meßergebnis durch Störstrahlung außerhalb des Meßvolumens nicht zu verfälschen, muß mit Bleiabschirmung des Detektorkristalls und Separation des Photopeaks vom Gesamt

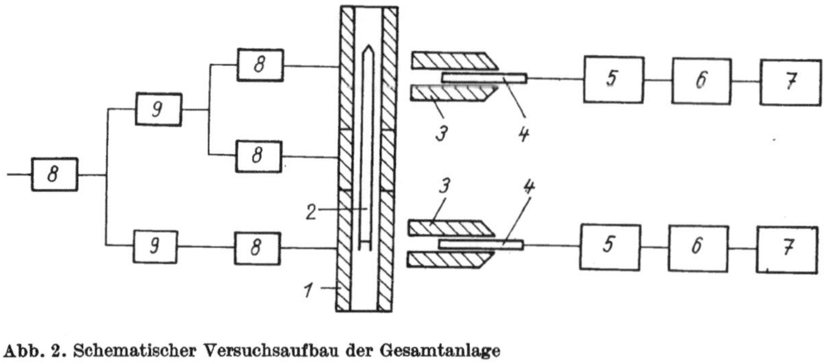

Abb. 2. Schematischer Versuchsaufbau der Gesamtanlage

1 – widerstandsbeheizter Dreizonenofen; 2 – Quarzampulle; 3 – Bleiabschirmung; 4 – Szintillationssonde VA-S-968; 5 – Linearverstärker/Analysator VA-V-100; 6 – 10 MHz-Zählgerät VA-G-120; 7 – Meßwertdrucker VA-G-24A; 8 – Sparstelltrafo SST 250/10; 9 – programmierbarer Sofortregler R2-SPH

spektrum gearbeitet werden. Bei ausreichender Dicke der Bleiabschirmung erzeugt die Streustrahlung ein Energiespektrum ohne Strukturierung im interessierenden Energiebereich.

Da nach Angaben des Herstellers die Temperatur des Detektorkristalls maximal 313 K betragen darf, wurden entsprechende Messungen an der speziellen Anlage durchgeführt und unter Verwendung von Hitzeschutzfolie diese Forderung erfüllt. Zur Überprüfung der Abschirmung der beiden zur Anwendung kommenden Szintillationsdetektoren gegen Streustrahlung erfolgten Intensitätsmessungen durch rechtwinkliges Vorbeiführen einer punktförmigen Strahlungsquelle an den Meßköpfen in der Versuchsapparatur. Abb. 4 zeigt, daß die Streustrahlung nur in sehr geringem Maße erfaßt wird. Der Hauptanteil des Meßwertes resultiert aus dem Strahlungseinfall durch eine Blende auf die Meßsonde. Die Streustrahlung, die dann auf einen Meßkopf fällt, wenn die punktförmige Strahlenquelle sich vor der Blende des anderen Detektors befindet, liegt in der Größenordnung des Nulleffektes. Demzufolge ist die Versuchsanordnung zur Bestimmung von Dampfdrücken durch Intensitätsmessungen bei Vorliegen eines punktförmigen Bodenkörpers geeignet. Die Abschirmbedingungen gewährleisten streustrahlungsunabhängige Meßwerte.

Für die folgenden Untersuchungen gelangten die Linien L3 und L4 zur Auswertung. Beide entstehen, nachdem sich das ^{115}Cd durch β^--Strahlung in angeregte Niveaus von ^{115}In umgewandelt hat. Die entsprechenden Halbwertszeiten liegen in der Größenordnung von 10^{-9} s (L4) bzw. 4,5 h (L3).

Soll der Partialdruck von Kadmium bestimmt werden, so muß die Meßanordnung auf L4 eingestellt werden, da bei der höheren Lebensdauer des Niveaus von L3 das thermodynamische Verhalten von Indium in der Schmelze oder Gasphase berücksichtigt werden muß. Andererseits ergibt sich bei einer getrennten Verfolgung der Linie L3 die prinzipielle Möglichkeit, das Verhalten extrem niedriger Indiumanteile zu erfassen.

3. Ergebnisse und Diskussion

Die Eignung der Methode, sowie die Genauigkeit der Meßwerte sollte zunächst an Kadmium, zu dem eine Vielzahl veröffentlichter Dampfdruck-Temperatur-Abhängigkeiten

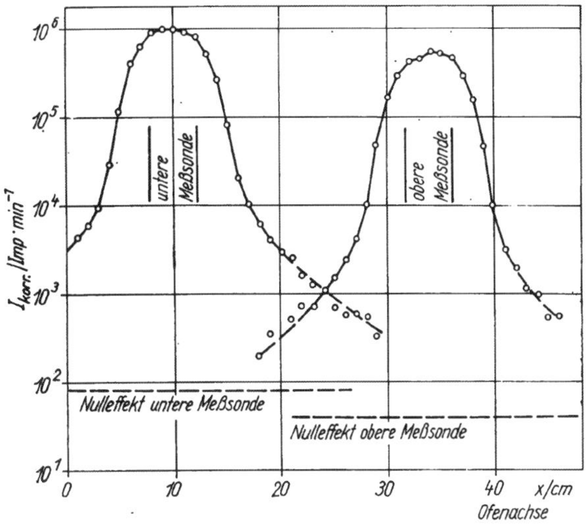

Abb. 4. Zählraten der beiden Meßköpfe in Abhängigkeit von der Höhe eines punktförmigen Präparates auf der Ampullenachse

Abstand Kristall–Ampullenachse 10 cm; NaJ(Tl) 40 mm × 40 mm; ⌀ Abschirmung 40 mm

vorliegt, und an einer binären Cd-Verbindung, speziell CdP_2, überprüft werden.

3.1. *Rechnerische Versuchsauswertung*

3.1.1. Bestimmung der Dampfdichte aus den gemessenen Impulsraten. Aus der Messung der Impulsraten im freien Dampfraum und am Bodenkörper gibt es drei Möglichkeiten, die Dampfdichte ϱ^D zu bestimmen:

A — die Messung der Impulsrate der gasförmigen Substanz im freien Ampullenvolumen mit der oberen Meßsonde,

B — die Messung der Abnahme der Impulsrate des Bodenkörpers infolge dessen teilweiser Verdampfung mit der unteren Meßsonde,

C — die Messung der Impulsrate bei vollständiger Verdampfung des Bodenkörpers im Ampullenvolumen.

Im Fall A wird eine konstante Dampfdichte unabhängig von der Höhe z in der Ampulle vorausgesetzt. Damit liegt bei einem Ampullenquerschnitt von $A \approx 0{,}38\ \mathrm{cm}^2$ eine linienförmige Quelle vor. Die Dampfdichte ϱ^D ist der im oberen Meßkopf gemessenen Impulsrate proportional.

Ein Massenelement dampfförmiges Kadmium erzeugt in Abhängigkeit von der Höhe z in der Ampulle die Impulsrate

$$dI_0(z) = \chi(z) \cdot \mathrm{d}m_{\mathrm{Cd}}^{\mathrm{D}} \tag{2}$$

und das ganze dampfförmige Kadmium die Zählrate

$$I_0 = \int_{z_1}^{z_2} \chi(z) \cdot \mathrm{d}m_{\mathrm{Cd}}^{\mathrm{D}} \tag{3}$$

Wenn die obere Ampullenspitze bei z_2 liegt, soll bei z_1 die entsprechende Rate $dI_0(z_1)$ verschwindend klein sein. Außerdem wird vorausgesetzt, daß der Bodenkörper so gut abgeschirmt ist, daß er keinen Beitrag zu I_0 liefert. Für die Dampfdichte des Kamiums gilt

$$\varrho_{\mathrm{Cd}}^{\mathrm{D}} = \frac{\mathrm{d}m_{\mathrm{Cd}}^{\mathrm{D}}}{A \cdot \mathrm{d}z} \tag{4}$$

Damit ergibt sich

$$I_0 = \varrho_{\mathrm{Cd}}^{\mathrm{D}} \cdot A \cdot \int_{z_1}^{z_2} \chi(z)\, \mathrm{d}z \tag{5}$$

oder

$$\varrho_{\mathrm{Cd}}^{\mathrm{D}} = F^{\mathrm{A}} \cdot I_0 \tag{6}$$

mit

$$F^{\mathrm{A}} = \{\int_{z_1}^{z_2} \chi(z)\, \mathrm{d}z\}^{-1} \tag{7}$$

Der Faktor F^{A} läßt sich experimentell mit einer punkförmigen Strahlenquelle der gleichen Bestrahlungscharge bestimmen. Diese Quelle soll die Masse Δm_{Cd} haben und auf der Ampullenachse am oberen Detektor vorbeigeführt werden. Nach der Schrittweite Δz wird die entsprechende Impulsrate $\Delta I_0(z)$ gemessen und

$$\chi(z) = \frac{\Delta I_0(z)}{\Delta m_{\mathrm{Cd}}} \tag{8}$$

berechnet. F^{A} ergibt sich in guter Näherung aus

$$F^{\mathrm{A}} = \{\sum_{z_1}^{z_2} \chi(z) \cdot \Delta z\}^{-1} \tag{9}$$

wenn Δz genügend klein ist.

Im Fall B wird die Dampfdichte $\varrho_{\mathrm{Cd}}^{\mathrm{D}}$ aus der vom Bodenkörper verdampften Kadmiumsmasse $m_{\mathrm{Cd}}^{\mathrm{V}}$ und dem Ampullenvolumen berechnet.

Dabei gilt:

$$\frac{m_{\mathrm{Cd}}^{\mathrm{V}}}{m_{\mathrm{Cd}}} = \frac{I_{\mathrm{u}}^{\mathrm{T_0}} - I_{\mathrm{u}}^{\mathrm{T}}}{I_{\mathrm{u}}^{\mathrm{T_0}}} \tag{10}$$

wenn die Dampfphase keinen Beitrag zu I_u^T liefert. Damit ergibt sich die Dampfdichte ϱ_{Cd}^D nach

$$\varrho_{Cd}^D = \frac{m_{Cd}^V}{V} = \frac{m_{Cd}}{V} \cdot \frac{I_u^{T_0} - I_u^T}{I_u^{T_0}} \quad (11)$$

und der Faktor F^B kann berechnet werden nach

$$F^B = \frac{m_{Cd}^V \cdot A}{V \cdot I_u^{T_0}} \quad (12)$$

Im Fall C wird die Dampfdichte ϱ_{Cd}^D aus der gemessenen Impulsrate des oberen Meßkopfes bei vollständiger Verdampfung und dem Ampullenvolumen berechnet. Der Faktor F^C als Proportionalitätskonstante zwischen der Linienmassendichte und der Impulsrate im oberen Meßkopf läßt sich auch aus der im oberen Meßkopf gemessenen Impulsrate bei vollständiger Verdampfung $I_0^{T_s}$ bestimmen. Dabei ist die Dampfdichte

$$\varrho_{Cd}^D = \frac{m_{Cd}}{V} \quad (13)$$

und

$$F^C = \frac{m_{Cd}}{V} \cdot \frac{A}{I_0^{T_s}} \quad (14)$$

Entsprechend Tab. 2 ergibt sich eine größenordnungsmäßige Übereinstimmung der durch die Eichmöglichkeiten für die jeweilige Substanz ermittelten Eichfaktoren und damit deren Eignung für Eichzwecke. Die Ursachen für die Unterschiede der Absolutwerte können derzeit noch nicht angegeben werden.

Tab. 2. Faktorbestimmung ausgewählter Versuche mittels unterschiedlicher Methoden
F in mg/Imp · cm · min^{-1}

Substanz	Eichverfahren A	Eichverfahren B	Eichverfahren C
Cd	$1{,}8 \cdot 10^{-6}$	$1{,}7 \cdot 10^{-6}$	$5{,}4 \cdot 10^{-6}$
CdP_2	$1{,}5 \cdot 10^{-6}$	$1{,}6 \cdot 10^{-6}$	$5{,}5 \cdot 10^{-6}$

3.1.2. Berechnung des Partialdruckes. Bei Kenntnis der im Ampullenvolumen herrschenden Dampfdichte ist unter Beachtung der unter 2.1. getroffenen Voraussetzungen eine einfache Errechnung des Partialdruckes möglich.

Nach der Beziehung

$$\mu^* = F \cdot I_{0\,\text{korr.}} \quad (15)$$

erfolgt durch Einsetzen des Eichfaktors F und der halbwertszeitkorrigierten Impulsrate $I_{0\,\text{korr.}}$ die Berechnung der Linienmassendichte μ^*.

Daraus wird der Partialdruck p_{Cd} mit Hilfe der allgemeinen Gasgleichung in der Form

$$p_{Cd} = \frac{4 \cdot \mu^* \cdot R \cdot T}{\pi \cdot d^2 \cdot M} \quad (16)$$

bestimmt.

3.2. Dampfdruckmessung mit Kadmium

Abb. 5 zeigt eine Gegenüberstellung der nach der neuen Methode ermittelten Meßwerte mit bekannten Literaturangaben und weiteren eigenen Daten, die mit Hilfe des *Bourdon*-Manometers gewonnen wurden. Die errechnete Ausgleichsgerade zeigt im Bereich niederer Temperaturen gute Übereinstimmung mit den Ergebnissen anderer Autoren. Bei höheren Temperaturen sind geringe Abweichungen zu niederen Drücken zu verzeichnen. Im Temperaturbereich von 520—590 K wurden erste meßbare Druckerhöhungen registriert, deren absolute Höhe etwa 30 Pa entsprach.

3.3. Dampfdruckmessungen mit Kadmiumdisphosphid

In Abb. 6 sind die Meßergebnisse im Vergleich mit Literaturangaben dargestellt. Die Kadmiumpartialdrücke wurden dabei aus den Gesamtdrücken unter Berücksichtigung folgender Annahmen berechnet:

- Die Stöchiometrie der Gasphase ist gleich der Stöchiometrie des Bodenkörpers;
- Die Gasphase wird lediglich aus Cd- und P_4-Molekeln aufgebaut, P_2-Molekeln werden vernachlässigt.

Die einzelnen Meßpunkte zeigen analog zum Cd eine relativ große Streubreite. Der Wertebereich ist bei 4 Temperaturen angegeben. Die errechnete Ausgleichsgerade stimmt jedoch in Größenordnung und Verlauf sehr gut mit den aus den Ge-

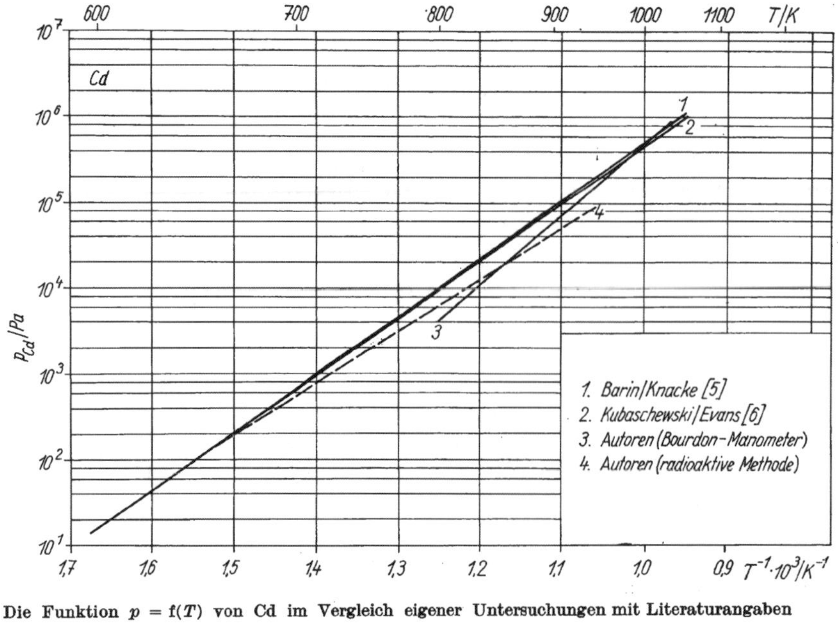

Abb. 5. Die Funktion $p = f(T)$ von Cd im Vergleich eigener Untersuchungen mit Literaturangaben

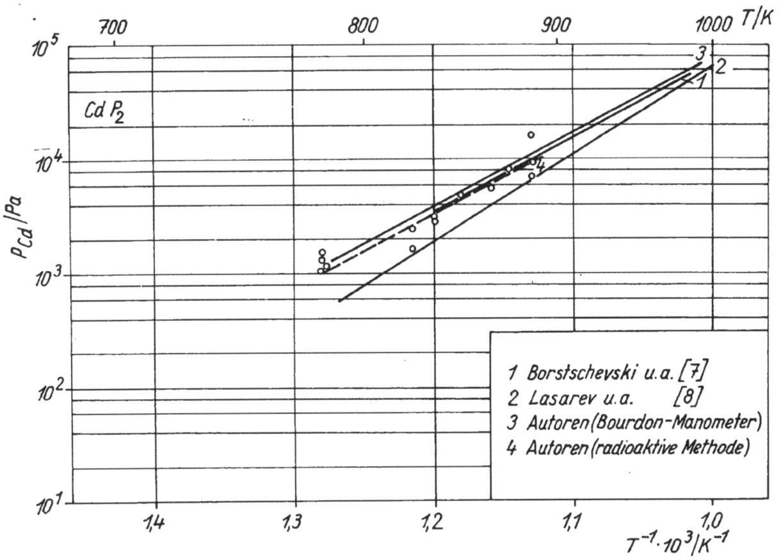

Abb. 6. Die Funktion $p = f(T)$ von CdP_2 im Vergleich eigener Untersuchungen mit Literaturangaben

samtdrücken berechneten Werten überein. Damit wurden die getroffenen Annahmen bei der Partialdruckberechnung aus Gesamtdrücken am Beispiel des CdP_2 unter Zugrundelegung des Dissoziationsgleichgewichtes

$$CdP_{2(s)} \rightarrow Cd_{(g)} + {}^1/_2\, P_{4(g)} \qquad (17)$$

für Temperaturen kleiner 900 K bestätigt.

Erste nachweisbare Druckerhöhungen zeigten sich im Temperaturintervall 640—690 K mit ca. 60 Pa.

4. Zusammenfassung

Für Partialdruckmessungen wurde ein neues Verfahren unter Anwendung radioaktiver Nuklide entwickelt und an Cd und CdP_2 überprüft. Diese Methode ist durch folgende Vor- und Nachteile gegenüber anderen zu charakterisieren:

Vorteile:
- Aufbau der Gesamtanlage, außer der Ofeneinheit, aus handelsüblichen Geräten,
- geringe Einwaagen,
- hohe Meßgenauigkeit,
- automatisches Verfahren mit digitaler Meßwertausgabe.

Nachteile:
- Bedingung für die Anwendung ist die Existenz eines geeigneten Nuklids — nicht für alle Elemente des PSE gewährleistet.
- Einhaltung der Forderungen des Strahlenschutzgesetzes.

Das entwickelte Verfahren besitzt vielseitige Anwendungsmöglichkeiten der Absolutwertbestimmung von Dampfdrücken und der Untersuchung der Verdampfungskinetik. Es stellt ein geeignetes Verfahren zur Partialdruckmessung direkt in der Gasphase dar.

Eingegangen am 1. 9. 1982

Symbolverzeichnis

I	— Intensität der Strahlung nach Durchgang durch den Absorber
I_0	— Anfangsintensität
μ	— Schwächungskoeffizient
x	— Dicke des Absorbers
z	— Ofenachse (mit $z = 0$ als Ofenunterkante)
A	— Ampullenquerschnitt
dm_{Cd}^D	— Masseelement dampfförmigen Kadmiums
$\chi(z)$	— lageabhängige massebezogene Detektornachweisempfindlichkeit
$dI_0(z)$	— lageabhängige Impulsrate eines Massenelementes
z_1	— Lage des Ampullenbodens in der Ofenanlage
z_2	— Lage der Ampullenspitze in der Ofenanlage
ϱ_{Cd}^D	— Dampfdichte des Kadmiums
$F^{A,B,C}$	— Eichfaktoren
Δm_{Cd}	— Masse einer punktförmigen Strahlenquelle
m_{Cd}^V	— verdampfte Kadmiummasse
m_{Cd}	— eingesetzte gesamte Kadmiummasse
$I_u^{T_0}$	— Impulsrate des unteren Meßkopfes, wenn noch keine nachweisbare Verdampfung eingesetzt hat
I_u^T	— Impulsrate des unteren Meßkopfes bei der Temperatur T, bei der die Dampfdichte bestimmt werden soll
V	— Ampullenvolumen
$I_0^{T_8}$	— Impulsrate des oberen Meßkopfes bei vollständiger Verdampfung
μ^*	Linienmassendichte
$I_{0\,korr}$	— halbwertszeitkorrigierte Impulsrate
R	— allgemeine Gaskonstante
T	— Temperatur
d	— Ampullendurchmesser
M	— Molekulargewicht

Literatur

[1] *W. R. Bousfield*, Trans. Faraday Soc. 13 (1917) 401
[2] *C. E. Milstead, A. B. Riedinger, L. R. Zumwalt*, Carbon 4 (1966) 99
[3] „Nuklidkarte" 3. Auflage 1968. Inst. f. Radiochemie Karlsruhe
[4] *R. S. Ragharan, P. Raghavan, E. N. Kaufmann*, Phys. Rev. C12 (1975) 2022
[5] *I. Barin, O. Knacke, O. Kubascheswki*, Thermochemical properties of inorganic substances, Bd. 2, Berlin — Heidelberg — New York: Springer-Verlag, Düsseldorf: Verlag Stahleisen m.b.H. 1977
[6] *O. Kubaschewski, E. L. Evans*, Metallurgische Thermochemie, Berlin: VEB Verlag Technik 1959
[7] *A. S. Borstshevski, J. K. Undalov, T. M. Schancovoj*, Izv. Akad. Nauk SSR, Neorg. Mat. 13 (1977) 22
[8] *V. B. Lasarev, J. Ch. Grinberg, S. F. Marenkin, S. Ch. Samiev*, Izv. Akad. Nauk SSR, Neorg. Mat. 15 (1979) 1149
[9] *B. Süß, K. Hein, J. Korb*, Z. anorg. allg. Chemie (im Druck)
[10] *W. Kunz, J. Schintlmeister*, Tabellen der Atomkerne, Teil 1, Berlin: Akademie-Verlag 1958
[11] *G. Holzhey*, Aktivierungsanalyse — Anwendung in der Metallurgie, Leipzig: VEB Dt. Verlag für Grundstoffindustrie 1974

Dichtebestimmung von Schottergestein mittels Absorption von Gammastrahlung

M. Mundt

(Zentrales Forschungsinst. des Verkehrswesens der DDR, Zentrum für Material- und Energieökonomie, Brandenburg-Kirchmöser)[1])

Ausgehend von den Anforderungen an ein Meßverfahren zur Bestimmung des Verdichtungs- und Verschmutzungsgrades von Schotterbettungen werden die Schlußfolgerungen für den Einsatz eines radiometrischen Meßverfahrens in bezug auf Meßgeometrie, Strahlungsenergie und Meßgeräte genannt und anhand einiger Ergebnisse aus Laborversuchen an einem Schotterdrucktopf verdeutlicht.
Es wird darauf hingewiesen, daß die Anwendung eines radiometrischen Dichtemeßverfahrens mit Untersuchungen über das Verhalten der eingesetzten Schottersorten verknüpft werden muß, um den gemessenen Dichtewert im Zusammenhang mit den Eigenschaften und der Zusammensetzung der Gleisbettung richtig interpretieren zu können.

Keywords

cesium 137; densimeters; measuring instruments; multi-channel analyzers; radiogenic gage; rocks

0. Vorbemerkungen

Aus den Anforderungen, welche an ein leistungsfähiges Meßverfahren zur Dichtebestimmung von Schottergestein in Gleisbettungen gestellt werden müssen, ergeben sich eine Reihe von Konsequenzen für den Einsatz eines radiometrischen Dichtemeßverfahrens. Anhand von Ergebnissen aus Laborversuchen und der Auswertung der Literatur werden diese Konsequenzen aufgezeigt, wobei nicht nur meßtechnische Probleme, sondern auch Fragen der Interpretation des Meßwertes in Verbindung mit den Eigenschaften des Schotters zu beachten sind.

1. Anforderungen an das Dichtemeßverfahren

Nicht verschmutzter Schotter besitzt eine mittlere Dichte zwischen 1,4 bis 2,1 kg/dm³, bei Verschmutzung können auch Maximalwerte von 2,5 kg/dm³ erreicht werden [1]. Die Dichte des Schotterbettes ist nicht einheitlich. Zum einen resultieren die Dichteschwankungen aus dem örtlichen Wechsel von Gesteinskörnern und Lücken. Für die Bildung eines repräsentativen Dichtewertes muß deshalb über ein Volumen gemittelt werden, welches groß gegenüber den Kornabmessungen ist. Andererseits wird das Schotterbett durch die Betriebsbelastungen über das Querschwellentragwerk und durch die Verdichtungsarbeiten bei der Gleisunterhaltung örtlich unterschiedlich beansprucht, so daß sich dadurch Dichteunterschiede z. B. zwischen dem Schwellenfach und der Schwellenauflage herausbilden. Es ist wünschenswert, derartige Dichteprofile meßtechnisch zu erfassen, d. h., das bei einer Messung einbezogene Schottervolumen sollte folgende Abmessungen nicht überschreiten [2]:

- in horizontaler Ebene in Richtung der Schwellenlängsachse nicht mehr als 300 mm, in Gleislängsachse in Übereinstimmung mit der Schwellenfachbreite bzw. der Schwellenbreite nicht mehr als ca. 400 mm bzw. ca. 250 mm,
- in vertikaler Ebene in der Größenordnung der mittleren Kornabmessungen, d. h. nicht mehr als ca. 40 mm, um die Änderung des Verdichtungszustandes mit der Tiefe zu erfassen und um benachbarte Bereiche (Schwellen, Untergrund) auszuschließen.

Des weiteren soll die Dichtemeßeinrichtung von der Meßgutzusammensetzung unabhängig sein, den Verdichtungszustand nicht verfälschen und den Zugbetrieb nicht stören.

2. Auswirkungen der Anforderungen auf die Konzipierung eines radiometrischen Meßverfahrens

Von den prinzipiellen Möglichkeiten der Anordnung Strahler—Detektor entweder in Streu- oder in Absorptionsanordnung ist nur letztere geeignet, da bei ihr eine genaue Abgrenzung des sich im Strahlengang befindlichen und daher zum Meßeffekt beitragenden Schottervolumens möglich ist [2]. Dabei ist der Doppelrohranordnung mit vertikalen oder auch horizontalen parallelen Rohren wegen der gleichbleibenden geometrischen Verhältnisse der Vorrang vor der Einstichsonde zu geben.

Die Forderung nach Unabhängigkeit des radiometrischen Dichtemeßverfahrens von der Meßgutzusammensetzung hat weitreichende Konsequenzen. Sie beinhaltet, daß die Strahlenabsorption in der Gleisbettung unabhängig von der Kernladungszahl Z der darin enthaltenen Elemente sein muß. Sie wird noch am besten vom *Compton*effekt für $Z \leqq 30$ erfüllt, mit Ausnahme von Wasserstoff [3].

Man muß deshalb solche Strahlungsenergie wählen, bei welcher der *Compton*effekt vorherrschend für die Strahlungsschwächung ist. Dieser Bereich liegt zwischen 0,1 und 10 MeV [3]. Für eine hohe Empfindlichkeit des Verfahrens ist ein möglichst großer Massenschwächungskoeffizient μ des Schotterbettes für die Gammastrahlung erstrebenswert. Daraus resultiert wiederum die Forderung nach einer möglichst geringen Strahlungsenergie.

Nach [2] liegt der günstigste Bereich für die Energie der Gammastrahlung zwischen 0,4 und 2 MeV. Als Strahlungsquellen mit entsprechender Energie und annehmbarer Halbwertszeit kommen daher nur die radioaktiven Isotope ^{60}Co und ^{137}Cs in Frage.

Da die Primärstrahlung der Strahlungsquellen durch den *Compton*effekt am Schotter nicht nur in der Intensität ge-

[1]) Anschrift: 1802 Brandenburg-Kirchmöser

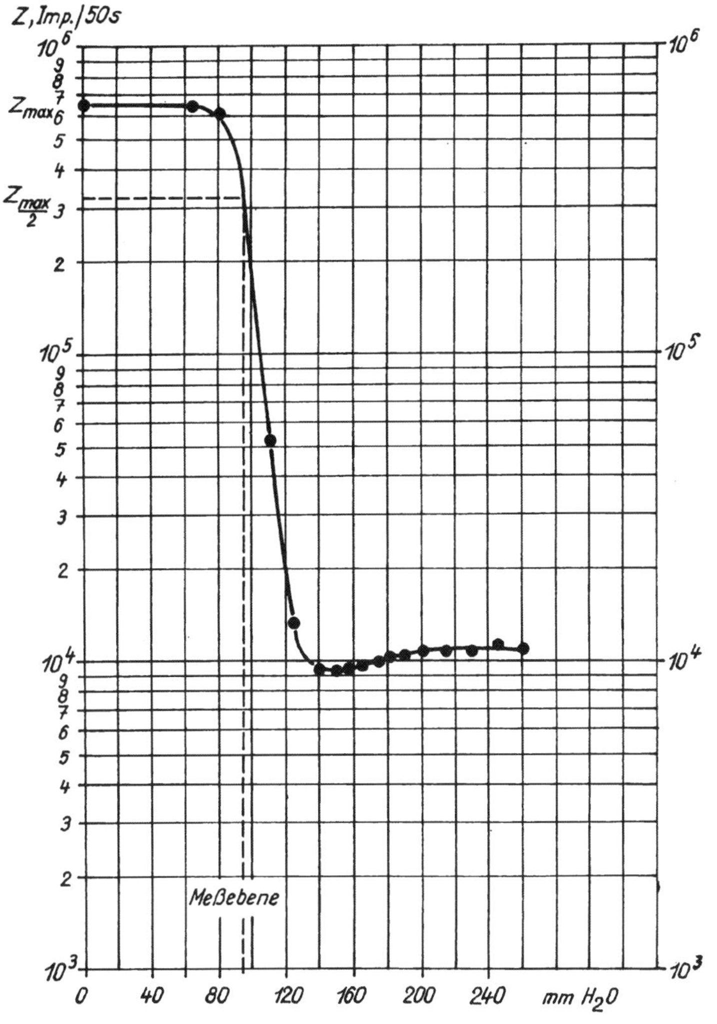

Abb. 1. Abhängigkeit der Zählrate vom Füllstand

schwächt, sondern auch in energieärmere Streustrahlung umgewandelt wird, muß die Streustrahlung mit einer Energie kleiner als 0,4 MeV bei der Meßwertbildung unterdrückt werden, um von der Meßgutzusammensetzung unabhängig zu bleiben. Das bedeutet den Einsatz von Strahlungsdetektoren mit energieproportionalen Impulshöhen (Proportionalzähler, Szintillationsmeßköpfe) und einem nachgeschalteten Diskriminator.

Das geforderte örtliche Auflösungsvermögen kann nur durch die Verwendung eines sehr engen Strahlenbündels erreicht werden. Zur Erreichung einer ausreichenden Genauigkeit sind noch weitere Maßnahmen zu realisieren [2]:

- Stabilisierung des Gerätebetriebes in bezug auf konstante Verstärkung und feste Lage der Diskriminatorschwelle
- Garantie eines festen oder bekannten Meßabstandes Strahler – Strahlungsdetektor
- Vermeidung von Verlusten bei der Zählung der Strahlungsimpulse

3. Laborerprobung einer radiometrischen Dichtemeßanordnung

Im Rahmen von Laborversuchen wurde eine radiometrische Dichtemeßanordnung an einem mit Schotter gefüllten zylindrischen Topf erprobt. Er bestand aus 8-mm-Stahlblech und besaß einen Durchmesser von 600 mm, eine Höhe von 400 mm.

Als Strahlungsquelle kam eine ^{137}Cs-Quelle mit einer Aktivität von 300 GBq zum Einsatz. Als Strahlungsdetektor diente ein Szintillationsmeßkopf (Kristalldurchmesser 40 mm). Strahlungsquelle und Detektor befanden sich diametral in gleicher Höhe (95 mm) über dem Boden des Drucktopfes. Die Strahlungsquelle wurde durch eine 40 mm dicke Bleiplatte zum Topf hin abgeschirmt. Der Strahlenkegel traf aus einer 3,5-mm-Bohrung in der Bleiplatte horizontal durch den Drucktopf auf den Detektor. Die dort von den Gammaquanten ausgelösten elektrischen Impulse wurden nur dann vom Vielkanalanalysator NTA 1024 weiterverarbeitet, wenn ihre Energie in dem Intervall von 550 keV bis 800 keV lag.

Durch den Einsatz des Vielkanalanalysators konnte stets das Strahlungsspektrum beobachtet, die Peaklage konstant gehalten und eine automatische Totzeitkorrektur durchgeführt werden. Damit war ein stabiles Verhalten der Meßapparatur auch über längere Zeit gesichert.

Zur Testung des Volumens, welches zur Meßwertbildung beiträgt, wurde der leere Topf stufenweise mit Wasser gefüllt und die von der Strahlung erzeugte Impulsrate registriert. Aus Abb. 1 ist ersichtlich, daß in Übereinstimmung mit dem Detektorradius in dem Bereich von ± 20 mm um die Strahlachse der hauptsächlichste Meßeffekt stattfindet, jedoch auch noch in einer Zone von ± 55 mm Absorptionsvorgänge erfolgen, während die Streustrahlung noch aus einer Zone bis zu ± 100 mm Abstand einen Beitrag liefert.

Das durch die Strahlenkollimierung und die elektronische Unterdrückung der Streustrahlung <550 keV erreichte gute örtliche Auflösungsvermögen ist zur Aufnahme von Dichteprofilen sehr wünschenswert, führt aber andererseits zu einer starken Schwankung des Dichtewertes in Abhängigkeit von der zufälligen Lage der Schotterkörner. In Abb. 2 ist die Impulsrate bei schrittweiser Drehung des Schottertopfes im vorverdichteten ($\gamma = 1{,}518$ kg/dm³) und im verdichteten Zustand ($\gamma = 1{,}539$ kg/dm³) aufgetragen. Die Dichte (Impulsrate) zeigt starke Schwankungen, deren mittlere Größe den Verdichtungseffekt völlig überdecken.

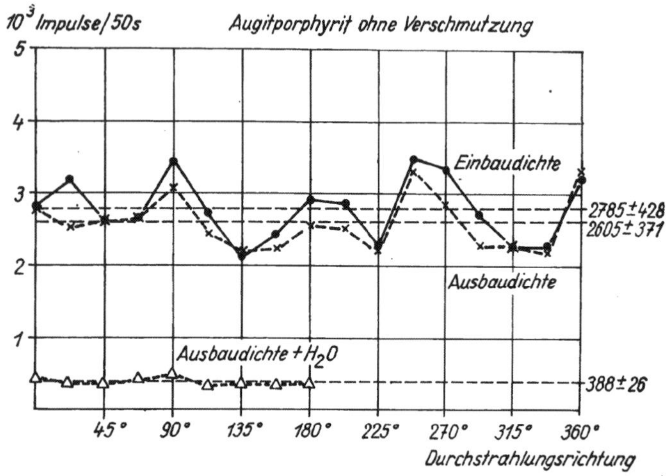

Abb. 2. Schwankung der Zählrate bei Änderung der Durchstrahlungsrichtung

Die Verdichtung ist naturgemäß ebenso örtlich verschieden. In den lockeren Bereichen erfolgt eine stärkere Verdichtung als an den bereits gut verdichteten Stellen. Ein Ausfüllen des Lückenanteiles mit Wasser homogenisiert die Dichte ($\gamma = 1{,}972$ kg/dm³).

Die Messung der Dichte in einer einzigen Durchstrahlungsrichtung ist somit nicht aussagefähig, zumal sich Abb. 2 auf eine Durchstrahlungsstrecke von 600 mm bezieht, während bei Messungen im Schotterbett noch kleinere Strecken in Betracht gezogen werden müssen. Es ist deshalb bei Messungen im Schotterbett notwendig, eine größere Anzahl von Meßwerten zu gewinnen, um durch Mittelwertbildung entsprechender Meßwerte die Streuung so weit zu verringern, daß gesicherte Aussagen über Verdichtungsvorgänge möglich werden.

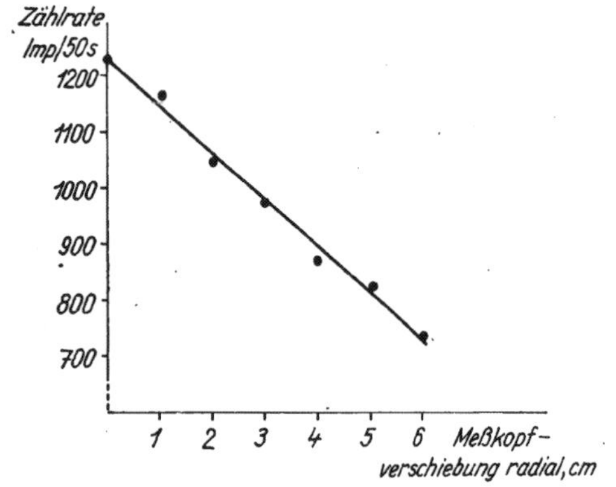

Abb. 3. Abhängigkeit der Zählrate von dem Strahler-Detektorabstand

Zur Frage des Einflusses der Geometrie zwischen der Strahlungsquelle und dem Detektor zeigt Abb. 3, daß bereits eine Verschiebung des Detektors um 10 mm (entsprechend 1,25% Abstandsvergrößerung) die Zählrate um 6,5% ändert. Damit wird eine Dichteänderung vorgetäuscht, welche in ihrer Größe schon den Verdichtungseffekt nach statischen Druckversuchen erreicht. Der Stabilität der Geometrie ist deshalb ebensogroße Aufmerksamkeit zu widmen.

4. Voraussetzungen zum Einsatz im Betriebsgleis

Eine Vielzahl von Versuchen am Schottertopf mit den unterschiedlichsten definierten Schotterfüllungen bewies die Eignung der radiometrischen Dichtemeßeinrichtung [1]. Für den Einsatz im Betriebsgleis muß jedoch der Vielkanalanalysator durch ein netzunabhängiges tragbares Gerätesystem mit folgenden Baugruppen ersetzt werden:

- Szintillationsmeßkopf kleinsten Durchmessers mit eingebauter Eichstrahlungsquelle
- geregelte Hochspannungsquelle (Peakstabilisator) für den Meßkopf
- Verstärker mit Diskriminator
- Zähler
- Kleindrucker

Einfachere Meßanordnungen sind nicht erfolgversprechend, da keine ausreichende Stabilität erreicht werden kann [4]. Der Einsatz eines radiometrischen Dichtemeßverfahrens im Betriebsgleis ist jedoch nicht nur eine Frage der Meßanordnung, sondern auch der Interpretation des von dem Gerät gelieferten Dichtewertes.

Für eine nicht verschmutzte Gleisbettung liegt der Dichtewert γ zwischen der Schüttdichte γ_0 bei lockerster Lagerung und γ_d bei höchster Verdichtung. Zur Definition des Verdichtungszustandes kann dann die Lagerungsdichte D dienen [2, 4]:

$$D = \frac{\gamma - \gamma_0}{\gamma_d - \gamma_0} \qquad 0 < D < 1$$

Zur Kennzeichnung des Verdichtungszustandes müssen außer γ die Werte für die Grenzlagerungsbedingungen γ_0 und γ_d gegeben sein. Da diese von der Schotterzusammensetzung abhängen, muß auch sie bekannt sein, um die Lagerungsdichte D aus dem radiometrisch ermittelten Dichtewert γ zu errechnen.

Für das verschmutze Schotterbett ist diese Verfahrensweise nicht mehr ausreichend, da die Verschmutzung eine zusätzliche Vergrößerung des Verdichtungszustandes hervorruft. Die Lagerungsdichte D kann größer als 1 werden. Zur Beurteilung des Verschmutzungsgrades eines Schotterbettes aus einem radiometrisch ermittelten Dichtewert γ muß die Frage beantwortet werden, welchen Anteil die Verschmutzung an dem Verdichtungszustand besitzt.

Sari [5] geht z.B. davon aus, daß γ_d bei höchster Verdichtung für das unverschmutze Schotterbett stets den Wert $\gamma_d = 1{,}8$ kg/dm³ erreicht und damit die Differenz $(\gamma - \gamma_d)$ den Verschmutzungsgrad charakterisiert.

Dazu wird eine experimentell ermittelte Eichkurve zum Ablesen des Verschmutzungsgrades aus der Dichte γ angegeben.

Dies soll verdeutlichen, daß die Konzipierung und Anwendung eines radiometrischen Dichtemeßverfahrens mit grundsätzlichen Untersuchungen über das Verhalten der eingesetzten Schottersorten verknüpft werden muß, um den gemessenen Dichtewert im Zusammenhang mit den Eigenschaften und der Zusammensetzung der Gleisbettung richtig interpretieren zu können.

Eingegangen am 23. 6. 1982

Literatur

[1] *H. Vogel*, „Kornform, Korngröße", FE-Bericht, ZPEV Kirchmöser 1980, unveröffentlicht

[2] *H. P. Cabos*, „Die Ermittlung der Lagerungsdichte in Gleisbettungen mit Hilfe radiometrischer Meßverfahren". Dissertation TU München 1977

[3] *W. Hartmann*, „Meßverfahren unter Anwendung ionisierender Strahlung", Akademische Verlagsgesellschaft Geest und Portig Leipzig: 1969

[4] „Grundsatzuntersuchungen am voll betriebsfähigen liegenden Gleis". Bericht des FEW Blankenburg 1968, unveröffentlicht

[5] *G. Sari, A. Montvai*, „Die Bestimmung des Verschmutzungsgrades der Bettung mit Hilfe radioaktiver Isotope". Bericht des VTKI Budapest 1968, unveröffentlicht

Bestimmung des $^{235}U/^{238}U$-Gehaltes durch Messung der Gamma-Strahlung kurzlebiger Spaltprodukte

B. Heinrich[1]), *D. Hoffmann*[2]), *K. Irmer*[1]), *J. Šeda*[3])

([1]) Technische Universität Dresden; [2]) Staatliches Amt für Atomsicherheit und Strahlenschutz Berlin;
[3]) ČVUT Praha)

Es wird ein Meßverfahren beschrieben, das es gestattet, durch eine zewifache, aufeinanderfolgende Aktivierung der Probe mit Neutronen verschiedener Energieverteilung und Messung der Gammastrahlung der gebildeten kurzlebigen Spaltprodukte die Massen m_{235}, m_{238}, die Anreicherung und über das Gesamtgewicht die Urankonzentration der Probe festzustellen. Dieses Verfahren ist nur für unbestrahlte Uranproben anwendbar. Die Analyse einer Probe dauert 50 min. Das Verfahren wurde mit Probenmassen von ca. 10 g bis zu einer maximalen Anreicherung von 90% erprobt. Minimal konnten 1 mg ^{235}U und 1 g ^{238}U nachgewiesen werden. Die Bestimmung der Massen erfolgte relativ gegenüber bekannten Standards. Der zufällige Meßfehler betrug 4%.

Keywords

fission products; gamma radiation; isotope ratio; measuring systems; neutron sources; uranium isotopes

1. Einleitung

Der Vertrag über die Nichtweiterverbreitung von Kernwaffen verpflichtet die unterzeichneten Staaten, gegenüber einem internationalen Kontrollorgan, der Internationalen Atomenergieorganisation nachzuweisen, daß Kernmaterial nicht für Kernwaffen oder andere nukleare Sprengvorrichtungen abgezweigt wird. Neben Einschluß- und Beobachtungsmaßnahmen sowie der Nachweisführung von Kernmaterial müssen Meßmethoden entwickelt werden, die es gestatten, die Vielfalt der physikalischen und chemischen Formen von Kernmaterial sowohl qualitativ als auch quantitativ mit der erforderlichen Genauigkeit bestimmen zu können. Als eine Standardmethode der Kernmaterialkontrolle hat sich die Gammaspektrometrie durchgesetzt. Jedoch ist bei dieser Methode die simultane Ermittlung des ^{235}U und ^{238}U-Gehaltes einer Probe schwierig, da die Effektivität eines energieselektiven Detektors für den Nachweis der Gammastrahlung beider Isotope sehr unterschiedlich ist [1]. Die gammaspektometrische Bestimmung des ^{235}U erfolgt durch Messung der 185-keV-Gammastrahlung. Bei inhomogenen Proben beeinflußt die Selbstabsorption die Meßgenauigkeit erheblich. Ziel dieser Arbeit war es deshalb, auf der Grundlage der Neutronenaktivierung eine Methode zu entwickeln, die die gleichzeitige Bestimmung des $^{235}U/^{238}U$-Gehaltes von frischen inhomogenen Uranproben erlaubt.

Ausgehend von der Massenverteilung der Spaltprodukte bei der Spaltung von ^{235}U bzw. ^{238}U mit 14-MeV-Neutronen können beide Uranisotope mit Hilfe der Gammastrahlung der gebildeten Spaltprodukte getrennt nachgewiesen werden, wenn sich die Spaltausbeuten dieser Spaltprodukte hinreichend unterscheiden. Veröffentlichte Werte der Spaltausbeuten zeigen geringe Unterschiede für die Spaltung von ^{235}U und ^{238}U in Massenzahlbereichen von $A = 145-150$ [2]. Experimentell lassen sich die Energiespektren der Gammaübergänge kurzlebiger Spaltprodukte (Halbwertszeit ≤ 10 min) auf Grund des endlichen Auflösungsvermögens energieselektiver Detektoren und der großen Anzahl verschiedener Gammaübergänge nicht mehr auflösen. Im Rahmen der Meßgenauigkeit ist deshalb kein Unterschied zwischen den Spaltproduktgemischen von ^{235}U und ^{238}U feststellbar.

Die Abklingfunktion $f_A(t)$ für die Gesamtaktivität der Spaltprodukte läßt sich näherungsweise durch die Summe von vier Exponentialfunktionen beschreiben.

$$f_A(t) = \sum_{n=1}^{4} k_n \exp(-\lambda_n t) \qquad (1)$$

Eigene Messungen im Energiebereich von 2,5–5,6 MeV ergeben keine Unterschiede in Parametern, die auf die Spaltung von ^{235}U bzw. ^{238}U zurückgeführt werden konnten. In der Arbeit wird deshalb davon ausgegangen, daß sich die Spaltproduktgemische der durch 14-MeV-Neutronen induzierten Spaltung von ^{235}U und ^{238}U sowohl in den Energiespektren der Gammaübergänge als auch im Zeitverhalten nicht unterscheiden.

2. Meßprinzip

Die Wirkungsquerschnitte für die neutroneninduzierte Spaltung von ^{235}U und ^{238}U unterscheiden sich in Abhängigkeit von der Neutroneneinschußenergie. Unterhalb einer Energieschwelle von etwa 1,2 MeV ist der Spaltquerschnitt von ^{238}U gegenüber ^{235}U vernachlässiger klein. Das kann man ausnutzen, indem eine Probe nacheinander mit Neutronen aktiviert wird, die in bezug auf diese Schwelle un-

Anschriften: [1]) 8027 Dresden, Mommsenstr. 13; [2]) 1157 Berlin, Waldowalle 117; [3]) Praha 1, Břehova 7 terschiedliche Energieverteilungen besitzen. Nach den Aktivierungen wird jeweils die von der Probe emittierte Gammastrahlung der gebildeten kurzlebigen Spaltprodukte gemessen. Dabei werden die Impulse über einer Diskriminatorschwelle gezählt, die oberhalb der Energien eventuell aktivierter Matrixelemente eingestellt ist. Bei kleinen Spaltstoffkonzentrationen kann die Absorption der Neutronen in der Probe vernachlässigt werden. Unter dieser Annahme sind die gemessenen Zählraten Z_1 und Z_2 bei gleichen Meßbedingungen den Massen m_{235} und m_{238} proportional. Es gilt ein lineares Gleichungssystem

$$\left.\begin{aligned} Z_1(\overline{E_{n1}}) &= am_{235} + bm_{238} \\ Z_2(\overline{E_{n2}}) &= cm_{235} + dm_{238} \end{aligned}\right\} \quad \overline{E_{n1}} < \overline{E_{n2}} \qquad (2)$$

Die Parameter *a, b, c, d* werden für eine gegebene Bestrahlungs- und Meßeinrichtung mit Proben bekannter Zusammensetzung und gleicher Probenmatrix bestimmt. Die Probenmatrix ist wegen ihres Einflusses auf die Energieverteilung der Neutronen bei der Kalibrierung zu berücksichtigen.

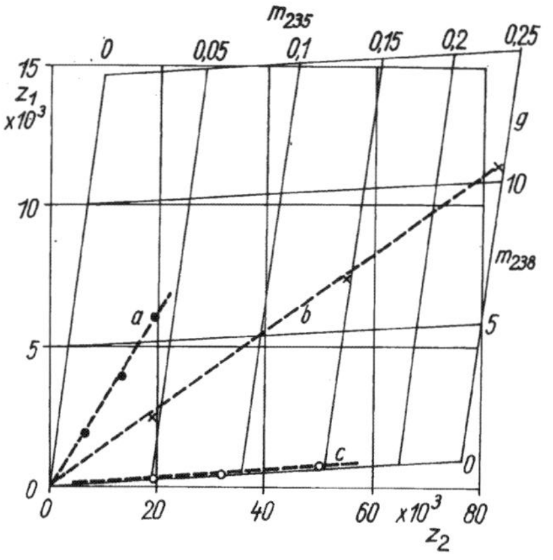

Abb. 1. Auswertediagramm zur Bestimmung der ^{235}U- und ^{238}U-Massen durch Messung der Aktivität der kurzlebigen Spaltprodukte
– – – Kurven für Proben gleichen Anreicherungsgrades; a – 0,7 %; b – 2 %; c – 90 %; Bestrahlungszeit 10 min; Meßzeit 10 min; Abklingzeit 0,25 min

Die Beziehung (2) kann in einem Diagramm mit den orthogonalen Koordinaten Z_1 und Z_2 dargestellt werden, indem die Isolinien der Massen von ^{235}U und ^{238}U ein schiefwinkliges lineares Koordinatennetz bilden (Abb. 1). Die experimentellen Untersuchungen zeigten, daß die Absorption der Neutronen in der Meßprobe berücksichtigt werden muß. Mit einem exponentiellen Ansatz, der eine gute Näherung für die Absorption darstellt, lautet das Gleichungssystem

$$\left.\begin{aligned} Z_1(\overline{E_{n1}}) &= \frac{a}{k}\,(1 - e^{-km_{235}}) + \frac{b}{l}\,(1 - e^{-lm_{238}}) \\ Z_2(\overline{E_{n2}}) &= \frac{c}{k}\,(1 - e^{-km_{235}}) + \frac{d}{l}\,(1 - e^{-lm_{238}}) \\ &\qquad \overline{E_{n1}} < \overline{E_{n2}} \end{aligned}\right\} \qquad (3)$$

Unterschiede in der Absorption der Neutronen bei verschiedenen Neutronenenergien werden vernachlässigt. Durch diese Änderung werden im Auswertediagramm die Teilungen der m_{235}- und m_{238}-Koordinaten nichtäquidistant (Abb. 1). Die Parameter *a, b, c, d, k* und *l* wurden aus der Messung von Eichproben numerisch ermittelt.

3. Bestrahlungs- und Meßaufbau

Die Aktivierung mit Neutronen, die in bezug auf die Spaltschwelle des ^{238}U unterschiedliche Energieverteilung besitzen, läßt sich auf zwei Arten realisieren:

- durch Verwendung zweier Neutronenquellen mit verschiedenen Energiespektren (z.B. DT-Neutronengenerator und SbBe-Neutronenquelle)
- durch eine Neutronenquelle, deren ungestörter Neutronenfluß eine mittlere Neutronenenergie besitzt, die größer als die Spaltschwelle des ^{238}U ist (z.B. ^{252}Cf-, PuBe- oder AmBe-Neutronenquellen). Für die zweite Aktivierung werden die Neutronen durch Moderierung zum größten Teil unter diese Spaltschwelle abgebremst.

In dieser Arbeit wird letzterer Weg beschritten. Zur Verfügung stehen drei Typen von Neutronenquellen, die hinsichtlich ihrer Eignung für diese Meßmethode verglichen werden:

- DT-Neutronengenerator $10^{10}\,s^{-1}$ Quellstärke
- PuBe-Neutronenquelle $5 \cdot 10^{7}\,s^{-1}$ Quellstärke
- ^{252}Cf-Neutronenquelle $10^{9}\,s^{-1}$ Quellstärke

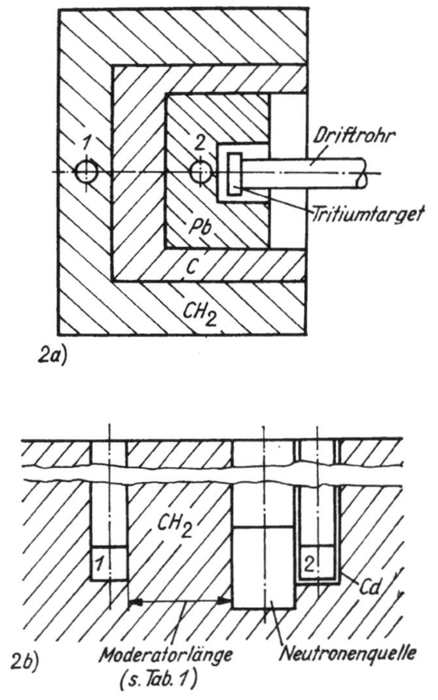

Abb. 2. Bestrahlungsanordnungen zur Messung der kurzlebigen Spaltprodukte
a – DT-Neutronengenerator (1,2-Positionen der Mepßrobe); b – Isotopenneutronenquelle (PuBe oder ^{252}Cf)

Am DT-Neutronengenerator erfolgt die Aktivierung einmal in unmittelbarer Nähe des Generatortargets und zum anderen hinter einem Moderator, der aus 40 mm Blei, 75 mm Graphit und 70 mm Paraffin besteht (Abb. 2a). Bedingt durch die hohe, primäre Neutronenenergie ($E_n = 14$ MeV) ist die Moderierung unvollständig und damit die Empfindlichkeit für ^{235}U gering. Durch zeitliche Schwankungen der Flußdichteverteilung des DT-Neutronengenerators ergeben sich trotz der großen Neutronenquellstärke größere Meßfehler als bei Messungen mit Isotopenneutronenquellen, so daß keine höheren Meßgenauigkeiten erreicht werden. Meßeinrichtungen für den prakti-

Tab. 1. Parameter c/a und b/d für stahlgekapselte Uranproben

Neutronenquelle Quellstärke, n/s	Moderatorlänge, cm	c/a	b/d	$c/a \cdot b/d$
DT-Neutronengenerator $1 \cdot 10^{10}\ s^{-1}$	4 Blei + 7,5 Graphit + 7,0 Paraffin	3,76	58,11	218,49
PuBe $5 \cdot 10^7\ s^{-1}$	3 Paraffin	80,65	1,52	122,59
PuBe $1 \cdot 10^7\ s^{-1}$	6 Paraffin	21,37	3,04	64,96
^{252}Cf $1 \cdot 10^9\ s^{-1}$	3 Paraffin	8,26	1,64	13,55
^{252}Cf $1 \cdot 10^9\ s^{-1}$	6 Paraffin	45,45	2,18	99,08

schen Routinebetrieb werden am günstigsten mit Isotopenneutronenquellen realisiert. Auf Grund der Konstanz des Flusses und des Energiespektrums läßt sich die beste Reproduzierbarkeit erreichen. Für PuBe- und ^{252}Cf-Neutronenquellen erreichten wir mit einfachen Paraffinmoderatoren (Abb. 2b) eine bessere Unterscheidung der Neutronenspektren in den beiden Bestrahlungskanälen. In Tab. 1 sind für stahlgekapselte Uranpulverproben die Verhältnisse a/c und b/d angegeben worden, die die Empfindlichkeit des Meßverfahrens für ^{235}U beschreiben. Das in der letzten Spalte angegebene Produkt ist ein Maß für die Empfindlichkeit des Meßverfahrens gegenüber der Gesamturanmasse.

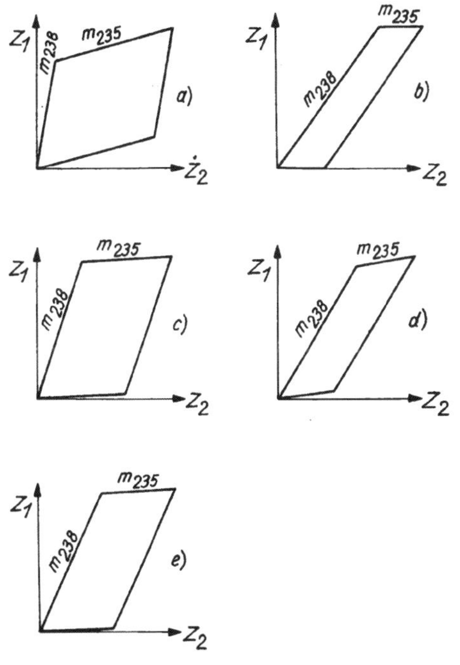

Abb. 3. Auswertediagramme für unterschiedliche Bestrahlungsanordnungen (siehe Tab. 1)

a — Neutronengenerator ($1 \cdot 10^{10}$ n/S); b — Pu-Be-Neutronenquelle ($5 \cdot 10^7$ n/S, 3 cm Paraffin); c — Pu-Be-Neutronenquelle ($1 \cdot 10^7$ n/S, 6 cm Paraffin); d — ^{252}Cf-Neutronenquelle ($1 \cdot 10^9$ n/S, 3 cm Paraffin); e — ^{252}Cf-Neutronenquelle ($1 \cdot 10^9$ n/S, 6 cm Paraffin)

Je größer die Zahlenwerte der Verhältnisse sind, desto mehr nähern sich die Koordinatenachsen für die Uranmassen dem orthogonalen System an (Abb. 3). Obwohl die Meßanordnung mit DT-Neutronengenerator für ^{238}U die größte Empfindlichkeit besitzt, werden die weiteren Untersuchungen mit einer PuBe-Neutronenquelle ($5 \cdot 10^7\ s^{-1}$) und einer effektiven Moderatorlänge von 3 cm Paraffin durchgeführt. Die von der Probe emittierte Gammastrahlung wird mit einem NaJ(Tl)-Szintillationsdetektor gemessen. Die äußeren Abmessungen des NaJ(Tl)-Bohrlochkristalls betragen 160 mm × 125 mm ∅ (Bohrloch 96 mm × 65 ∅ mm). Die Gammastrahlung wird im Energiebereich von 2 ... 6 MeV gemessen, da über 2 MeV der Einfluß aktivierter Matrixelemente gering ist. Die Proben werden 10 min im „schnellen" Bestrahlungskanal ($\overline{E_n} > 1{,}2$ MeV) aktiviert und nach einer Abklingzeit von 0,25 min, die für den Transport der Probe zum Detektor benötigt wird, 10 min gemessen. Der Detektor befindet sich innerhalb einer 5 cm dicken Bleiabschirmung. Die Bestrahlungs- und die Meßzeit sind experimentell im Verhältnis zur Untergrundstrahlung optimiert. Zwanzig Minuten nach dem Ende der „schnellen" Aktivierung wird die Probe in den „langsamen" Bestrahlungskanal eingesetzt. Das dabei verwendete Zeitregime ist das gleiche wie bei der „schnellen" Bestrahlung. Die Reihenfolge der Bestrahlungen ergibt sich aus der Zahl der gebildeten Spaltprodukte in der Probe. Die Restaktivität aus der „schnellen" Bestrahlung beträgt zum Zeitpunkt der wiederholten Messung etwa 1‰ der bei der „langsamen" Bestrahlung gebildeten Aktivität. Der gesamte Meßzyklus dauert für eine Probe ca. 50 min. Für mehrere Proben kann er durch paralleles Arbeiten entsprechend verkürzt werden.

4. Meßergebnisse

Die Meßmethode wurde an drei verschiedenen Formen von Uranproben untersucht:

- stahlgekapselte Pulverproben (19 mm ∅, 16 mm hoch, 1,5 mm Wanddicke, Füllung U_2O_3-Pulver gemischt mit PbO, Uranmasse 50 mg – 12 g)
- Pellets (8 mm ∅, ca. 13 mm hoch, Uranmasse ca. 8 g)
- Flüssigkeitsproben (20 ml Polyethylenflaschen, Uranmasse ca. 1 g).

Die Anreicherung variierte bei den Pulver- und Flüssigkeitsproben von 0,7 – 90%. Bei den Pellets betrug sie 0,7% und 2%. Tab. 2 zeigt die erreichten Meßempfindlichkeiten für ^{235}U und ^{238}U. Die erhöhte Empfindlichkeit bei Pellets ist auf den kleineren Abstand der Proben zur Neutronenquelle und den dadurch bedingten höheren Neutronenfluß zurückzuführen. Für Flüssigkeitsproben resultiert die stärkere Moderierung der Neutronen in der Probe in einer erhöhten Meßempfindlichkeit.

Tab. 2. Meßempfindlichkeiten für ^{238}U und ^{235}U

Probenart	dZ_1/dm_{238} g^{-1}	dZ_2/dm_{235} g^{-1}
Pulver	986	398393
Pellet	1762	440267
Flüssigkeit	1063	518810

Die Nachweisgrenze wird als zweifache Standardabweichung der Untergrundzählrate definiert. Bei Probenmassen bis ca. 10 g lassen sich 1 mg ^{235}und 1 g ^{238}U nachweisen. Der Unterschied in den Nachweisgrenzen beider Isotope resultiert vor allem aus dem geringen Spaltquerschnitt des ^{238}U. Während sich der ^{235}U-Gehalt über den gesamten Bereich der Anreicherung gut bestimmen läßt, wird es unmöglich, oberhalb eines maximalen Anreicherungsgrades ^{238}U in der Probe nachzuweisen (Abb. 4).

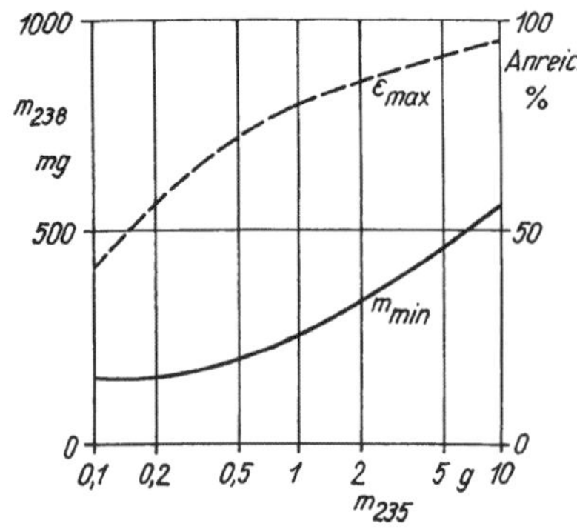

Abb. 4. Maximale Anreicherung und Nachweisgrenze ^{238}U über der ^{235}U-Masse

Der Meßfehler wird durch den zufälligen Fehler der gemessenen Impulsraten und die Genauigkeit bestimmt, mit der die Parameter a, b, c, d, k und l bekannt sind. Diese Parameter werden ihrerseits nach der Methode der kleinsten Fehlerquadrate aus Eichmessungen gewonnen, deren Impulsraten ebenfalls einen zufälligen Fehler besitzen. Der Meßfehler kann somit nicht kleiner als der doppelte zufällige Fehler der kleinsten gemessenen Impulsrate werden. Für die geannnten Probenformen wurde ein Meßfehler von 4% ermittelt. Bemerkenswert ist, daß Abweichungen in der Probengeometrie innerhalb gewisser Grenzen keinen Einfluß auf die Meßwerte haben. So lagen z.B. die Höhen der Pellets zwischen 11 mm und 15 mm. Mit der Kalibrierung für Pellets konnte die Anreicherung von Pelletbruchstücken bestimmt werden.

Eingegangen am 1. 9. 1982

Literatur

[1] *R. J. S. Harry, J. K. Aaldijk, J. P. Braak,* "Gamma-spectrometric determination of isotopic composition without use of standards", Proceedings of a symposium on the safeguarding of nuclear materials Vienna, Okt. 1975, IAEM-SM-201/66

[2] *Fission* product nuclear data, Techn. rep. 169, Vol. I. 390 – 434 (Wien, 1974)

Separation of Uranium by Using Natural Ion Exchangers

A. K. El-Sharnouby

(Radiation Protection Department, Nuclear Research Center, Cairo, Egypt)

Two mineral ion exchangers filtrolite and vermiculite were used to separate low concentration of uranium (10^{-2} to 10^{-1} g/l) from its solution. Column experiment was carried out to determine the separation factor of uranium. In the first part of the column experiment, filtrolite shows low separation factor of uranium. The separation factor for uranium solution of concentration 10^{-1} g/l, after 10 bed volumes was about 3·3; i.e. 70% from the uranium in the initial solution were fixed on the exchanger. On the other hand, vermiculite showsa relatively higher separation factor. For uranium concentration 10^{-1} g/l the separation factor using 100 bed volumes, was between 8 and 44; i.e. 88% to 98% from the uranium in the initial solution were fixed. Presence of Na^+, K^+, Ca^{2+}, and Mg^{2+} in the uranium solution decreased the uptake of uranium by the vermiculite.

Keywords

fuel cycle; inorganic ion exchangers; ion exchange materials; uranium; vermiculite; waste disposal; waste manage ment

Introduction

As it is well known, that uranium is used as a fuel element for reactors, for this reason the separation of uranium from its diluted solution is an interesting and can be considered as a very important technical work. Uranium found for example in small amounts in sea water [1, 2] also in waste solutions from reprocessing of the spent fuel elements. Normally, the separation of uranium by means of organic ion exchanger in unsuccessfully, due to the small selectivity for uranium. For this reason a trial was made to fix uranium on inorganic ion exchanger [3]. Some mineral ion exchanger for example filtrolite and vermiculite have great selectivity for Rb and Cs [4, 5].

The present work deals with special problem arising in the industry, of the separation of uranium from its waste solution, which are obtained after the reprocessing of the spent fuel element. This study includes the investigation of separation factors of uranium by either filtrolite [6] or vermiculite [7] using the column technique at solution concentrations $10^{-2}-10^{-1}$ g U/l.

Simulated waste solution as that arising from the reprocessing of fuel element plant has been passed on column bed of vermiculite mineral. This solution contains beside UO_2^{2+} the following cations: Na^+ (20 mg/l); K^+ (2 mg/l), Ca^{2+} (30 mg/l) and Mg^{2+} (15 mg/l).

The elution of uranium which adsorbed on the vermiculite mineral has been studied.

Experimental

Filtrolite

The filtrolite mineral was supplied from Carl Lösch (West Germany). The material is excellent for use in column duo to its mechanical regidity. Filtrolite was miled and sieved to have grain size range between 0·2 – 0·5 mm. The sample was washed and suspended material was scrubed untill it vanished. It is transfered to the sodium form by its mixing with pure concentrated NaCl solution for several weeks. The tuff was remixed with freshly prepared concentrated solution of NaCl. Finally the Na-form of the tuff was washed with ice-cold water untill the solution will be chloride free. Then it is dried at 110 °C in drying oven. Glass column of 40 cm length and 2 cm diameter was used. The solution was supplied with jacket thermostat and the uranium solution was injected with constant flow rate using pump.

Vermiculite

Vermiculite-Transvaal was grounded, sieved and transformed to the Na-form as has been done in the filtrolite. By vermiculite the grain size, flow rate, concentration of feeding solution and the addition of Na^+, K^+, Ca^{2+} and Mg^{2+} to UO_2^{+2} were studied for the adsorption of uranium.

Tab. 1 shows the experimental conditions with vermiculite.

Tab. 1. Experimental Conditions Using Vermiculite for Adsorption of UO_2^{2+}

Experiment No.	Concentration g/l	Grain size mm	Temperature °C	Flow rate l/h	weight of vermiculite g
1	10^{-1}	1·4 – 2·0	23	1·0	60
2	10^{-1}	1·4 – 2·0	23	2·0	60
3	10^{-1}	1·4 – 2·0	23	1·0	40
4	10^{-2}	1·4 – 2·0	17	2·5	15
5	10^{-2}	1·0 – 1·4	17	2·5	15
6	10^{-2}	1·4 – 2·0	17	3·5	15

Determination of uranium

The concentration of uranium was determined by neutron activation analysis. The sample was subjected to neutron flux 10^{12} n cm^{-2} s^{-1} in nuclear reactor then the spectrum was followed by NaI(Tl) well type scintillation crystal connected to multichannel analyzer. From the experimental results breakthrough curves were obtained by plotting column throughout (in column volumes) against C/C_0 (C_0 = initial concentration of uranium). From these curves the separation factor can be estimated.

Elution

For the elution of the adsorbed uranium on vermiculite, 29 l uranyl nitrate (10^{-2} g U/l) were passed through a column containing 15 g vermiculite. 90 ml of 5 N $(NH_4)_2CO_3$ were used for the elution. The eluent was collected in portions 30 ml each and the amount of uranium was measured as mentioned above.

Results and Discussion

Filtrolite

The data in Fig. 1 show the breakthrough curve for filtrolite. According to the data in Fig. 1 (curve A), it seams that the separation factor is lower than the other cations studied before on the same ion exchanger [8]. After 10 bed volumes the separation factor reached 3·3 i.e. 70% of uranium was fixed on the ion exchanger. This low separation factor could be attributed to the possible complexation of a part of uranium through its passage in the ion exchanger. This complex cannot participate any more in the ion exchange process. One of the possible complex is the carbonate complex, where calcite is one of constituent of filtrolite [8]. The solubility product of calcite is small but, it is quite enough for carbonate complex $[UO_2(CO_3)_3]^{4-}$, which is impossible to be fixed on filtrolite. In curve B Fig. 1, the filtrolite was treated for 2 d with dilute acetic acid to dissolve the calcite and meanwhile preventing the carbonate complex formation for uranium. The separation factor for the treated sample after 10 bed volumes dropped to 2·0 which means no improvement but deterioration was

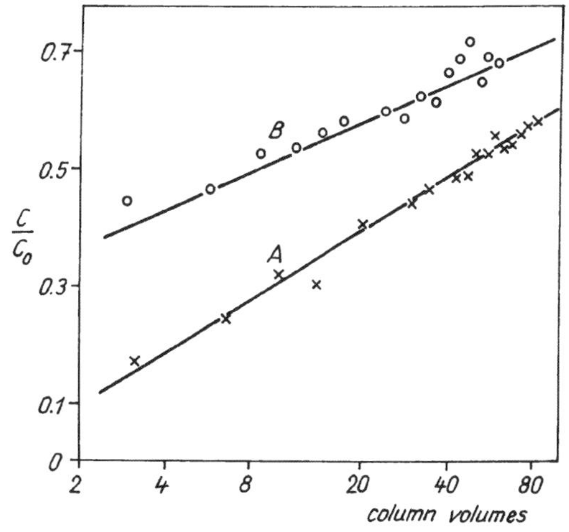

Fig. 1. Breakthrough curves for uranium concentration 10^{-1} g/l, grain size 0·2 – 0·5 mm; temperature 23 °C; flow rate 1·1 l/h; weight of filtrolite 60 g

A – without pretreatment; B – pretreatment with acetic acid

noticed. All trials for improving the separation factor either by temperature or flow rate change has been failed. Generally, it could be stated that filtrolite has a small capacity for fixing UO_2^{2+} which could be attributed to the large radius of the mentioned cations (2·92 – 3·32 Å) [9, 10].

Vermiculite

Fig. 2 – 6 show the adsorption of uranium on vermiculite. From Fig. 2, the separation factor after 100 bed volumes reached 44. It is clear that the separation factor in case of

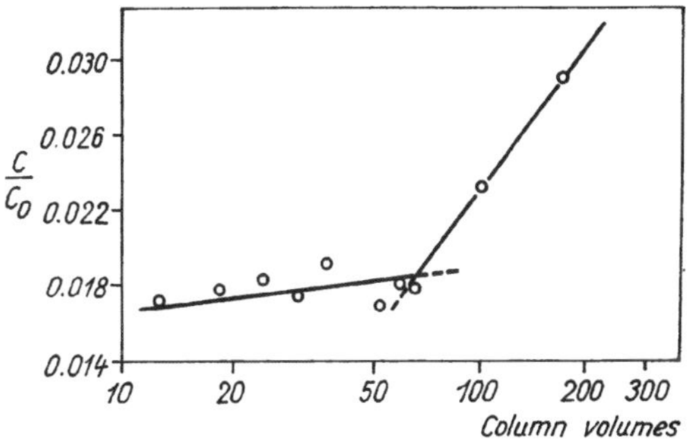

Fig. 2. Breakthough curve for uranium concentration 10^{-1} g/l grain size 1·4 – 2·0 mm; temperature 23 °C; flow rate 1·0 l/h; weight of vermiculite 60 g

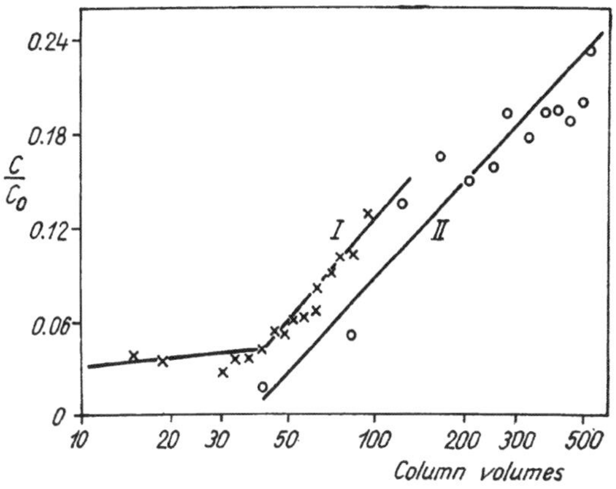

Fig. 3. Breakthrough curves for uranium concentration 10^{-1} g/l grain size 1·4 – 2·0 mm; temperature 23 °C; I – flow rate 2·0 l/h, weight of vermiculite 60 g; II – flow rate 1·0 l/h, weight of vermiculite 40 g

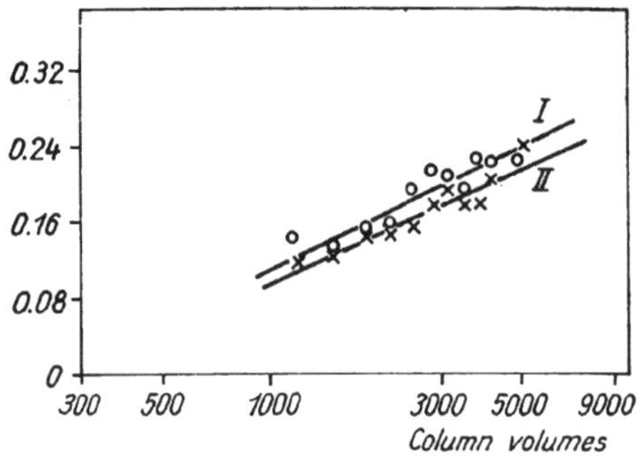

Fig. 4. Breakthrough curves for uranium concentration 10^{-2} g/l temperature 17 °C; flow rate 2·5 l/h; weight of vermiculite 15 g I — grain size 1·4 — 2·0 mm; II — grain size 1·0 — 1·4 mm

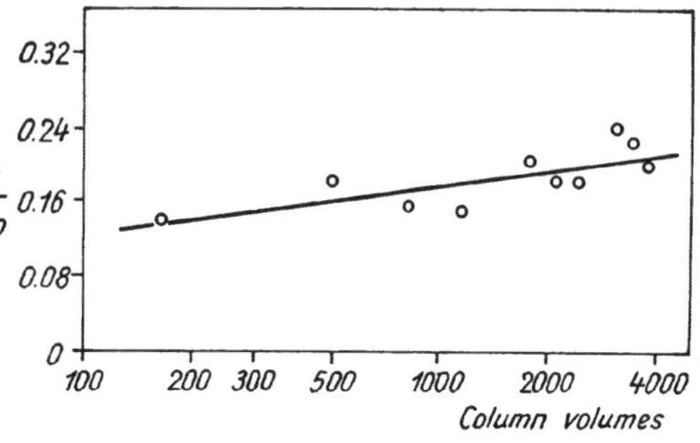

Fig. 5. Breakthrough curve for uranium concentration 10^{-2} g/l grain size 1·4 — 2·0 mm; temperature 17 °C; flow rate 3·5 l/h; weight of vermiculite 15 g

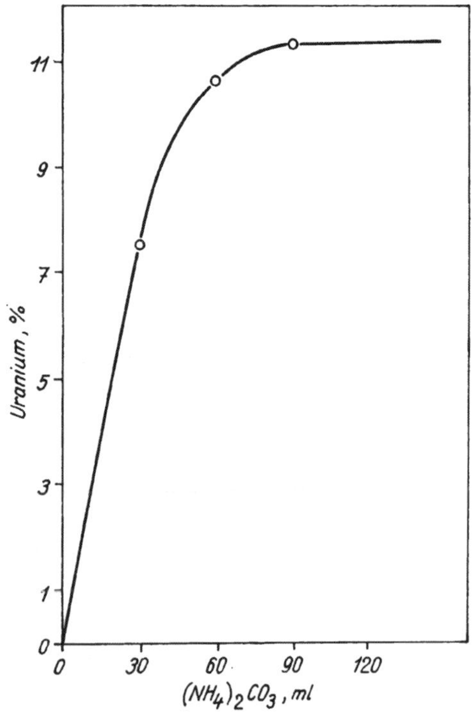

Fig. 6. Elution of uranium with 5 N ammonium carbamate

vermiculite is higher than that in filtrolite. As the flow rate in the second experiment was doubled i.e. 2 l/h; the separation factor dropped from 44 to 10 (Fig. 3, curve I). This result could be clarified if the diffusion of the UO_2^{2+} cation between the layer of the vermiculite is the controlling step judging the adsorption process, i.e. the decrease in the separation factor may be due to the fast saturation of the upper vermiculite layer by the UO_2^{2+}. By the third experiment (Fig. 3, curve II), 40 g vermiculite was used and the other conditions were kept constant like experiment one (Fig. 2). This was done to show the effect of the amount of the ion exchanger on separation factor i.e. if the percentage of breakthrough capacity equals the percentage of vermiculite quantity used. The breakthrough capacity is defined as the amount of ions adsorbed on one liter vermiculite untill breakthrough of 2% of the initial concentration. The breakthrough capacity was caluclated according the equation [6]:

$$K = \bar{V} \frac{V_{0 \cdot 02} \times C_0}{0 \cdot 4\, m} \text{ (Val/l)}$$

where $\bar{V}$ is the volume of vermiculite used in the column

$V_{0 \cdot 02}$ is the number of column volume until breakthrough occurs

C_0 is the initial concentration of uranium

m is the weight of the the vermiculite used.

Comparing the data obtained for K from experiment one (Fig. 2) and experiment three (Fig. 3, curve II), we found that K have the values 7·6 and 4·4 (m val/l) respectively. The ratio of K to the amount of vermiculite used in experiment one and three was found 0·12 and 0·11 respectively. This means that K is proportional to the amount of ion exchanger used.

The effect of grain size on separation factor is shown in Fig. 4 (curve I and II). The grain size varying between 1·4—2·0 mm and 1·0—1·4 mm gave separation factors 8·3 and 10 respectively, after 1000 bed volumes. The range of changing the grain size showed very slight variations on the separation factor.

From experiment 4 (Fig. 4, curve I) and experiment 6 (Fig. 5) one can see the effect of the flow rate on the separation factor. By varying the flow rate from 2·5 l/h to 3·5 l/h by uranium concentration 10^{-2} g/l the separation factor after 1000 bed volumes decreased from 8·3 to 5·6 respectively. This reults confirmed the explanation from the second experiment, namely; the transportation of UO_2^{2+}-cations from the surface of the ion exchanger in the layer between is the step, which control the rate of the exchange process. For studying the effect of foreign cations, which present in the reprosessing solutions beside UO_2^{2+}, on the separation factor two experiments has been done. In the first one 29 l of uranyl nitrate solution (10^{-2} g U/l) were passed through column of 15 g vermiculite, grain size of 1·0—1·4 mm with flow rate equal 2·5 l/h. In the second on the experiment was repeated under the same above conditions only the initial solution contain beside uranium Na^+ (20 mg/l), K^+ (2 mg/l), Ca^{2+} (30 mg/l), and Mg^{2+} (15 mg/l). The result from both experiments show that about 80% of the uranium was adsorbed in the first experiment while 1/10 of this value was adsorbed from the mixture solution. This means that the capacity of vermiculite with respect to uranium in the presence of alkaline and earth alkaline elements was highly depressed.

Elution

By the elution react ammonium carbamate with uranyl cation under the building of clear yellow solution of the double salt, $2(NH_4)_2CO_3 \cdot UO_2CO_3$ as well as the complex $(NH_4)[UO_2(CO_3)_3]$. The data in Fig. 6 represent the elution result. About 11% of uranium was eluted from the adsorbed quantity on vermiculite. Due to the short time of elution (15 min) only small quantity of uranium was eluted. While it was expected that all uranium must be eluted.

Modification on the conditions of the solution probably may increase the adsorption of uranium using masking agent for the competing cations interfer with uranium and meanwhile the elution conditions. But the author was restricted by the conditions given to him. Further investigation are needed in order to study other parameters for improving the ion exchange characteristics of vermiculite for the adsorption of uranium.

Generally, the data of the present work shows that vermiculite is better for treating uranium solution than filtrolite which may be attributed to the structure of the first one.

Acknowledgements

The author wishs to thank Dr. *W. Lutze* H. M. I. Berlin (West Germany) for his sincere help in his laboratory and his kind encouragement and for his valuable criticisms and discusions.

Received September 8, 1982

References

[1] *B. Armitage, H. Zeitlin*, Anal. Chim. Acta **53** (1971) 47
[2] *T. Hashimoto*, Anal. Chim. Acta **56** (1971) 347
[3] *H. J. Riedel*, Z. Kerntechnik, Isotopentechnik und Chemie (1970)
[4] *D. Boenzi, Z. Dlouhy*, A Study on the Sorption Properties of the Natural Tuffs occuring in the lake Bracciano Region (Rome) RT/PROT (66) 18 (1966)
[5] *D. G. Jacobs*, Cesium Exchange by Vermiculte, Second Ground Disposal of Radioactive Wastes Conference 1961, TID 7628 (1962)
[6] *W. Lutze*, Untersuchungen zum Ionen- und Isotopenaustausch in natürlichen Silikaten, insbesondere im Hinblick auf die Behandlung radioaktiver Abfälle, Dissertation, Techn. Universität Berlin 1967
[7] *N. Miekeley*, Kinetische Untersuchungen an Silikat-Ionenaustauschern, Dissertation, Techn. Universität Berlin 1968
[8] *H. W. Levi, W. Lutze*, Ion-Exchange Properties of a Volcanic Tuff and its Application to Selective Adsorption of Radionuclides, Intern-Conf. on Ion Exchange in the Process Industries, London 1969 216–222
[9] *F. A. Cotton, G. Wilkinson*, Anorganische Chemie, Weinheim/Berg, str.: Verlag Chemie 1967
[10] *C. D. Hodgman, R. C. Weast, R. S. Shinkland*, Handbook of Chemistry and Physics, The Chemical Rubber Publishing Co., Cleveland Ohio 1963

Möglichkeiten einer Kostenoptimierung bei der Herstellung von stabilisotop markierten Präparaten

G. Müller

(Zentralinstitut für Isotopen- und Strahlenforschung)[1]

Für die Markierung von Stoffen durch wiederholten diskontinuierlichen Isotopenaustausch wird die kostengünstigste Anzahl der Arbeitsschritte berechnet. Parameter für die Berechnungen sind erstens das Verhältnis der Kosten für einen Arbeitsschritt und der Kosten des pro Arbeitsschritt einzusetzenden Markierungsmittels und zweitens einer Beziehung zwischen der konstanten Isotopenhäufigkeit des Markierungsmittels und der des Produktes am Anfang und Ende der Operation.

Keywords

isotopic exchange; labelled compounds; optimization; stable isotopes

Eine Vielzahl isotop markierter Präparate wird durch mehrstufige diskontinuierliche Isotopenaustauschreaktionen hergestellt. Dabei entsteht immer die Frage, mit wieviel Austauschschritten ein gewünschter Markierungsgrad erreicht und wieviel Markierungsmittel dabei verbraucht wird. Wird die Zahl der Stufen für die Erreichung eines vorgegebenen Markierungsgrades erhöht, dann spielt der Arbeitsaufwand eine zunehmende Rolle. Aus diesem Grund erscheint es von Nutzen, nach dem Minimum der Kosten zu fragen, die sich aus den Kosten für das Markierungsmittel und für die Austauschoperationen ergeben.

Zunächst seien folgende Größen definiert:

m_P Molzahl austauschfähiges } im Produkt
m_D Isotop } im Markierungsmittel

N_D Relative Häufigkeit } im Markierungsmittel
N_0 des austauschfähigen } im Produkt zu Beginn der Prozedur
N_i Isotops } im Produkt nach i Schritten

Unter der Voraussetzung, daß das molare Verhältnis $m_P : m_D$ von Produkt und Markierungsmittel bei allen Austauschschritten gleich ist, ergibt sich aus der Isotopen- und Massenbilanz für die Markierung die stufenweise Progression der Isotopenhäufigkeit N_{j+1} im Produkt

$$N_{j+1} = \frac{N_D + \dfrac{m_P}{m_D} N_j}{1 + \dfrac{m_P}{m_D}} \tag{1}$$

Durch Entwicklung dieser Rekursion findet man für die

[1]) Anschrift: 7050 Leipzig, Permoserstr. 15

Isotopenhäufigkeit N_i im Produkt, die sich nach i Austauschschritten mit konstantem Verhältnis $m_P : m_D$ für alle Schritte einstellt

$$N_i = N_D - (N_D - N_0)\left(\frac{\frac{m_P}{m_D}}{1 + \frac{m_P}{m_D}}\right)^i \qquad (2)$$

bzw.

$$\frac{m_D}{m_P} = \left(\frac{N_D - N_0}{N_D - N_i}\right)^{1/i} - 1$$

Daraus folgt für den Mengenbedarf M_i an Markierungsmittel pro Produkteinheit für i Austauschschritte

$$M_i = i\frac{m_D}{m_P} = i\left[\left(\frac{N_D - N_0}{N_D - N_i}\right)^{1/i} - 1\right] \qquad (3)$$

Der Bedarf an Markierungsmittel M_i für ein bestimmtes Markierungpsroblem nimmt mit steigender Schrittzahl ab und nähert sich unter der Voraussetzung $m_D/m_P = \text{const.}$ für unendlich viele Schritte i dem Grenzwert

$$\lim_{i \to \infty} M_i = \ln \frac{N_D - N_0}{N_D - N_i} \qquad (4)$$

Dabei strebt natürlich $\frac{m_D}{m_P}$ dem Wert 0, d. h. dem kontinuierlichem Austauschprozeß zu.

In der Praxis muß jedoch berücksichtigt werden, daß durch die Austauschschritte Prozeßkosten entstehen. Deshalb ist es sinnvoll, nach einer Kostenminimierung zu suchen.

In das hier zugrunde gelegte Kostenmodell gehen folgende Größen ein:

K_i — Gesamtkosten für i Stufen pro Mol austauschfähiges Isotop im Produkt
a — Kosten für eine Arbeitsstufe
p — Kosten pro Mol Markierungsmittel, bezogen auf ein Mol austauschfähiges Isotop

Betrachtet man die Gesamtkosten als nur aus diesen beiden Hauptfaktoren zusammengesetzt

$$K_i = M_i p + ia = a\left(i + M_i \frac{p}{a}\right) \qquad (5)$$

und setzt man die Schrittzahl i zum Zwecke der Ermittlung ihres Optimums als stetige Variable an, dann ergibt sich das Kostenminimum aus

$$\frac{dK_i}{di} = \frac{d}{di}\left\{\frac{p}{a}\, i\left(\frac{N_D - N_0}{N_D - N_i}\right)^{1/i} - \frac{p}{a}\, i + i\right\} = 0 \qquad (6)$$

Die minimale Schrittzahl i_{min} ist dann aus der für i_{min} nicht geschlossen lösbaren Gleichung

$$\frac{a}{p} - 1 = k^{1/i_{min}}\left(\frac{\ln k}{i_{min}} - 1\right) \qquad (7)$$

zu entnehmen, die nur das Kostenverhältnis $\frac{a}{p}$ und den Anreicherungsparameter k

$$k = \frac{N_D - N_0}{N_D - N_i} \qquad (8)$$

enthält, welcher von den Isotopenhäufigkeiten des Markierungsmittels N_D, des Ausgangsstoffes N_0 und des Produktes N_i nach i Prozeßstufen abhängt.

Tab. 1.

$\frac{p}{a}$	k 5	10	20	50	100	200	500	1000	2000
10	4,1	5,9	7,6	10,0	11,7	13,5	15,8	17,6	19,4
5	3,0	4,4	5,7	7,4	8,7	10	11,7	13,0	14,3
2	2,0	3,0	3,9	5,1	5,9	6,8	8,0	8,9	9,8
1	1,6	2,3	3,0	3,9	4,6	5,2	6,2	6,9	7,6
0,5	1,3	1,8	2,3	3,0	3,6	4,1	4,8	5,4	5,9
0,25	0,9	1,3	1,7	2,2	2,6	3	3,6	4,0	4,4
0,1	0,8	1,1	1,4	1,8	2,1	2,5	2,9	3,2	3,6
0,05	0,6	0,9	1,2	1,5	1,8	2,0	2,4	2,7	3,0

In Abb. 1 und Tab. 1 sind diese optimalen Austauschschrittzahlen i_{min} dargestellt, die sich für eine Reihe konstanter Kostenverhältnisse $\frac{p}{a}$ als Funktion des Anreicherungsparameters k ergeben.

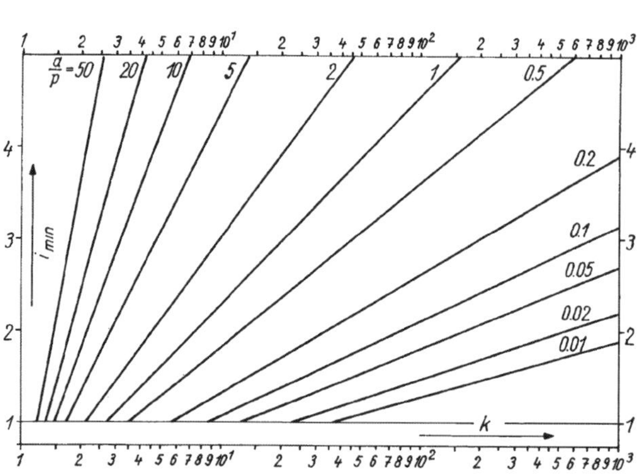

Korrektur: Statt $\frac{a}{p}$ (links oben in der Abb.) lies $\frac{p}{a}$.

Selbstverständlich sind der Anwendbarkeit dieser ökonomischen Überlegungen Grenzen gesetzt. So ist es z.B. nicht sinnvoll, ausgehend von natürlichen Häufigkeiten, hohe Anreicherungen durch wiederholten Austausch ausschließlich mit hochangereichertem Markierungsmittel erzielen zu wollen. Vielmehr scheint es besser zu sein, die ersten Stufen mit billigeren, weniger hoch angereicherten Markierungsmitteln zu realisieren.

Die vorliegenden Ergebnisse können dann z.B. speziell auf die letzten Stufen angewandt werden, gelten aber für alle Anreicherungsbereiche, in denen für mehrere Schritte Markierungsmittel der gleichen Häufigkeit eingesetzt wird.

Eingegangen am 5. 8. 1982

Kurze Originalmitteilungen

Synthesen radioaktiv markierter Verbindungen. 49. Mitt. Darstellung von [2-^{14}C]2,4-Dichlorphenoxyessigsäureethylenglykoldiester und [2-^{14}C]2-Methyl-4-chlor-phenoxyessigsäure-ethylenglykoldiester*)

G. Franke, B. Schneider, H. R. Schütte

(Institut für Biochemie der Pflanzen, Halle, Akademie der Wissenschaften der DDR)[1])

Keywords

carbon 14; labelled compounds; organic compounds; synthesis

Für pflanzenphysiologische Untersuchungen benötigten wir die Ethylenglykoldiester von [^{14}C]-markierter 2,4-Dichlorphenoxyessigsäure (2,4 D) und 2-Methyl-4-chlorphenoxyessigsäure (MCPA). Die Darstellung von Dioldiestern der Phenoxyalkylcarbonsäuren kann durch Veresterung der entsprechenden Säure mit dem Alkohol unter Zusatz von Schwefelsäure in siedendem Benzen erfolgen [2]. Andere Synthesemöglichkeiten sind die Umsetzung des entsprechenden Säurechlorids mit dem Glykol in Pyridin [3] sowie der Säure mit dem Alkohol unter Zusatz von Toluensulfonsäurechlorid in Pyridin [3].

Für die Darstellung der [^{14}C]-markierten Verbindungen erwies sich die Synthese der Ester nach der Carbodiimidmethode als besonders günstig. Die [2-^{14}C]-markierten Phenoxyessigsäuren wurden aus [2-^{14}C] Chloressigsäure (73 MBq/mMol] und dem entsprechenden Phenol in wäßriger Natronlauge synthetisiert [4].

Experimentelles

[2-^{14}C]2,4-Dichlorphenoxyessigsäureethylenglykoldiester: 547 mg [2-^{14}C]2,4 D (2,48 mMol) und 68 µl Ethylenglykol werden in 2 ml absolutem Tetrahydrofuran gelöst und mit 2–3 Tropfen Pyridin versetzt. Bei –15 °C tropft man unter Rühren und Feuchtigkeitsausschluß 520 mg Dicyclohexylcarbodiimid (2,52 mMol), gelöst in 1 ml absolutem Tetrahydrofuran, zu. Das Gemisch wird 3 Stunden bei –15 °C gerührt und bleibt über Nacht bei Raumtemperatur stehen. Der ausgefallene Dicyclohexylharnstoff wird abgesaugt, das Filtrat eingeengt und der Rückstand in wenig Ether aufgenommen. Anschließend wäscht man das ausgefallene Produkt mit gesättigter wäßriger Natriumhydrogencarbonatlösung und Wasser und läßt es an der Luft trocknen.

Durch Radiodünnschichtchromatographie auf Silufol UV_{254} mit dem Laufmittel Benzen : Aceton : Essig = 20 : 4 : 1 und Detektion mittels Dünnschichtscanner (Firma Berthold, Wildbad, BRD) wurde die radiochemische Reinheit des Produkts nachgewiesen und durch Cochromatographie die Übereinstimmung des R_F-Wertes des unmarkierten und des markierten Esters bewiesen. Der unmarkierte 2,4-D-ethylenglykoldiester wurde durch ^{1}H-NMR (100 MHz; TMS; Aceton-d_6; 4,4 ppm, S., 4 Methylenprotonen; 4,7 ppm S., 4 Methylenprotonen; 7 ppm, M., 6 Phenylprotonen) und IR-Spektroskopie sowie C-, H-, N-Analyse charakterisiert.

Ausbeute: 408 mg (70,2% d. Th.)

F_p 98–101 °C

spez. Radioaktivität 145 MBq/mMol

[2-^{14}C]2-Methyl-4-chlor-phenoxyessigsäureethylenglykoldiester: Die Darstellung erfolgte analog der Synthese des 2,4 D-esters.
Ansatz: 450 mg MCPA (2,24 mMol)
^{1}H-NMR des unmarkierten Esters: 100 MHz; TMS; Aceton-d_6; 2,2 ppm, S., 6 Methylprotonen; 4,4 ppm, S., 4 Methylenprotonen; 4,7 ppm, S., 4 Methylenprotonen; 7 ppm, M., 6 Phenylprotonen

Ausbeute: 263 mg (55,4% d. Th.)

F_p 80–84 °C

spez. Radioaktivität 146 MBq/mMol

Eingegangen am 18. 8. 1982

Literatur

[1] *M. Stock, A. Bernasch, H. R. Schütte,* Isotopenpraxis 18 (1982) 260
[2] *Sh. A. Mamedov, V. S. Akhmedov,* Azerb. Khim. Zh. 6 (1978) 59
[3] Yoshitomi Pharmaceutical Industries, Ltd. Neth. Appl. 6, 600, 044 (Cl. C 07c), Juli 6, 1966; Japan. Appl. Jan. 5, 1965; 13 pp.; C.A. 66 (1967) 2347t
[4] *R. Pokorny,* J. Amer. Chem. Soc. 63 (1941) 1768

*) 48. Mitt. vgl. [1]

[1]) Anschrift: 4010 Halle (Saale), Weinberg 3

The Distribution of Radioinsulin-^{131}I in Albino Rats following Subcutaneous Injection

M. F. Abdel-Wahab[1]), *M. Faruq, R. Yazid*[2])

([1]) Radioisotope Department, AEE, Cairo, Egypt, and [2]) Research Centre of Nuclear Technology, Bandung, Indonesia)

Keywords

globulins-gamma; insulin; iodine 125; iodine 131; metabolic diseases; rats; technetium 99m

Introduction

In a previous communication from this Institutes we have studied the kinetics of radiothyroxine-^{131}I [1]. It was also explained how insulin was extracted and freshly prepared from farm animal pancreas in a labelled form [2]. Such a method was based on using pancreas of Egyptian dairy animals; available in the Slaughter-house of Cairo. The preparation of local insulin was preceeded by an easy oxidising technique of recrystalline insulin in a labelled form using Sephadex gel-filtration technique [3].

The vast application of pertechnetate in labelling large molecules for diagnotic purposes has stimulated us to prepare a lot of ^{99m}Tc labelled hormones [4]. The exploration of these techniques in this Centre was thus achieved and presented in this communication. Purification of insulin was adopted using both column and paper chromatography. Surveying yet the literature for insulin distribution in experimental animals has proved that nothing is being published on that subject especially with labelled insulins.

The present work deals with the investigation of the fate and behaviour of turn-over of the labelled insulin-^{131}I, following subcutaneous injection of labelled hormone into Albino rats.

Material and Method

Albino rats weighing 200–250 g confined in metabolic cages were prepared for this study. Freshly labelled insulin-^{131}I prepared from locally produced Na^{131} I and injectable watery insulin was thus introduced as local hormone. Standard insulin-^{125}I imported from New England Nuclear was used as standard for radioimmunoassay confirmation test. Metabolic cages, dissecting table, sample tubes, sensitive balance and automatic gamma scintillation detector, well schielded and adopted on the selective corresponding channel, were used. Chromatographic jars, buffers, Whatman No. 1 filter paper and X-ray films for radioautography as well as dark room were used in this aspect. The experiment started by injecting 200 μCi labelled insulin, subcutaneously to the animal while in metabolic cage. The animal was then left under normal metabolic behaviour for different time intervals starting 3 h, 6 h, 14 h, 24 h, and 48 h in five different replicates. In all these experiments ^{131}I-labelled insulin was the labelling agent. In one single experiment standard ^{125}I-labelled insulin was used at time interval of 3 h. At the end of each time intervals the animal was anaesthised with ether and then dissected. The dissected organs or tissues needed for investigation were then removed and weighed either as a whole or part of it for specific activity measurements.

The following 14 organs were removed and taken for radioactive assay and percentage distribution: skin, blood, visceral tissue, thyroid gland, bone, liver, intestine, pancreas, lung, heart, brain, spleen, kidney, and bladder. Each of these organs is accurately weighed and then subjected to radioactivity measurement. The percentage uptake was

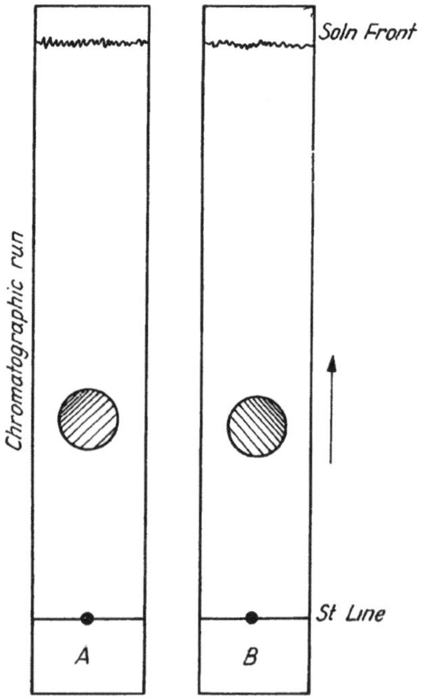

Fig. 1. A representative autoradiograms for the freshly prepared insulin-^{131}I

The dry developed chromatography was prepared on Whatman No. 1 filter paper: finished in a developing system n-butanol: acetic acid: water – 4:4:1 for 6 h. At the end of this time the chromatogram was air dried, sprayed with ninhydrin (0·1 % butanol), and then the violet colour thus produced was stabilized by being dipped in acidified $Cu(NO_3)_2$ solution giving rosy colour. (A) is an autoradiogram for insulin after separation from Sephadex G-25 as purification of the product. (B) is a standard preparation prior to column chromatography. A and B have the same R_f values

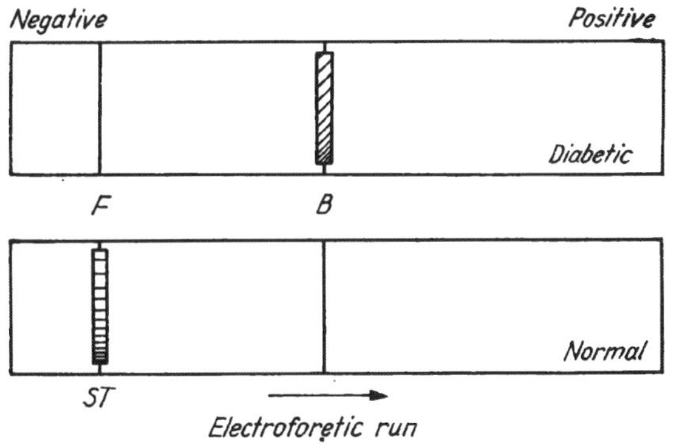

Fig. 2. An electrophoretic pattern of insulin-^{131}I in the form of autoradiograms

The insulin was incubated with plasma from normals (F) and plama from diabetic patients (B). The difference between the two pictures lies in the absence and presence of antisera in the incubated sample. The free insulin stays at the place of application denoting absence of antibodies. The bound insulin moves with γ-globulins in the second case. This autoradiogram was done to test for the antigenesity of the prepared hormone

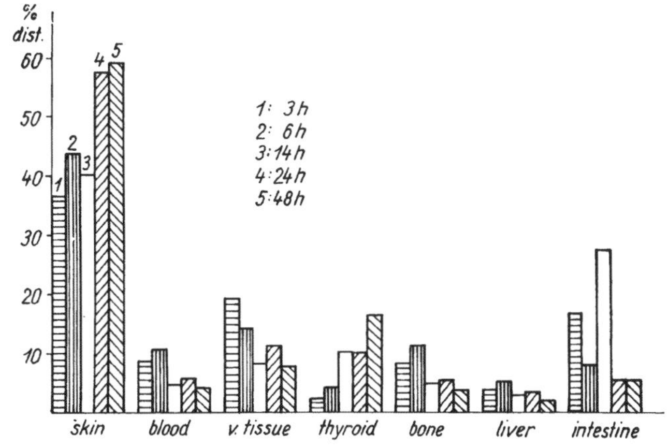

Fig. 3. A histogram for the radioactivity showing the deposited insulin in the major seven organs for the accumulation of insulin: skin, blood visceral tissue, thyroid gland, bone, liver and intestine, at different time intervals showing different disposition rates in different tissue and at different time

All these figures amount to 99 % of the total injecteds dose. The major part of insulin seems to be found in the skin. The least disposition is found in the liver through out the whole time intervale. Values inbetween are met within other organs

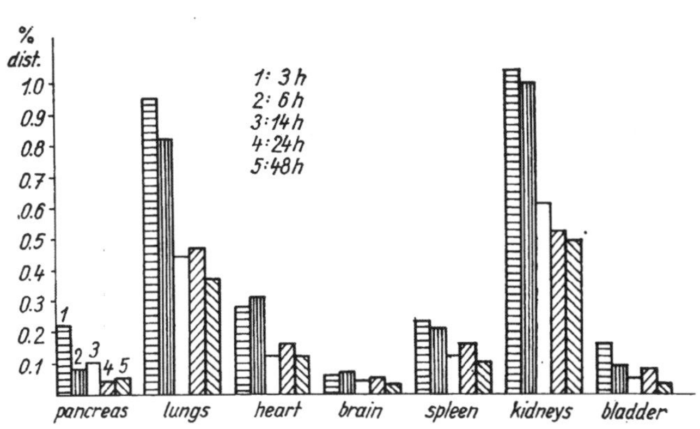

Fig. 4. Histogram for the seven minor organs of disposition of insulin amounting all to 1 % of the total dose: Pancreas, lungs, heart, brain, spleen, kidneys and bladder

Among these organs the kidneys are the most important organ of concentration, followed by the lungs. The brain is the least organ to concentrate insulin-^{131}I as a whole

then calculated and plotted in Fig. 3 and 4. As we have similar data with both forms of insulin, only data of insulin-^{131}I are shown.

Results

The results obtained are represented in self explanatory figures. Fig. 1 and 2 are diagramatic representation of autoradiographic films for both chromatography and electrophoresis, showing the comparative data of prepared and reference insulins. For further details check the method of *Berson* [5]. The results of this author agree with our radioimmunoassay of insulin antibodies in plasma of diabetic patients. We have used the principle for the case of purity test and potentiality of the hormone prior to the distribution study. The yield of the product was found to be 90%. Our results have been obtained at different time intervals ranging from 3 h to 48 h, in order to study any differential behaviour. These results revealed percent-uptake in 14 organs; however the uptake within different organs is more or less independant of dissection time. The difference lies only within the standard deviation. Most of the activity lies in major organs like skin, blood, visceral tissue, thyroid gland liver and intestine; see Fig. 3. Only 1% of the whole activity was distributed unequally among the rest organs namely: pancreas, lung, brain, spleen, kidney and bladder (Fig. 4). With exception of the skin, the radioactivity decreases as time increases per organ; starting with the first three hours and ending at the 48 hours.

Discussion

Endogeneous insulin is produced in the beta cells of the islets of *Langerhans* of the pancreas and considered to be the only hypoglycemic hormone of the human body. Under diabetic conditions the pancreas may fail partially or totally to protect the endogenous hormone. In such cases patients suffering from diabetes meletus and concequently hyperglycemia, are continueously treated with subcutaneous injection of exogenous insulin prepared from animal pancreas like: pork, ducks, cow, guineae pigs, being the cheepest sources of insulin. Diabetic patients respond very quickly to such insulin treatment within the first few days of treatments; but later on, they start to resist any feather treatments with insulin. This case is described to be insulin resistance diabetes. *Berson* [5] described exogenous insulin in this case as an antigen. Since that this phenomenon was used as bases of radioimmunoassay of insulin from the blood of patients who has received insulin treatment was markedly slower than from patient who has never received insulin. *Berson* and *Yallow* [6] prepared insulin antisera by repeatedly injecting guineae pigs with insulin-^{131}I for their assay. The injection at that stage of labelled insulin to rats subcutaneously and following the distribution of the hormone, or sumply tracing the hormone, has not yet met with in the recent literature. Insulin has special receptor binding to circulating monocytes. These receptors, some times, look abnormal with obese subjects and insulin does not necessarily regulate its own receptors in vitro as it can in vivo [7]. This explains the steady state of insulin distribution in plasma all over the test time. Further work, concerning the form and any possible degradation of insulin within the organs investigated is still in progress and will be published in the due time.

Acknowledgements

The senior author, Prof. *M. F. Abdel-Wahab,* wishes to thank the IAEA, Vienna; for supporting his stay in Bandung, as an expert during the time of doing this work. Thanks are also due to Bandung Research Centre (BATAN) for offering facilities and radioisotopes for the work.

Received April 28, 1982

Accepted in revised form August 4, 1982

References

[1] *M. F. Abdel-Wahab, F. X. Sutomo, Sukiyali Diajusman,* Isotopenpraxis 18 (1982) 212
[2] *M. F. Abdel-Wahab, M. A. Hussein,* J. Endokrinologie 53 (1968) 128
[3] *M. F. Abdel-Wahab, S. A. El-Kinawi,* J. App. Rad. Isotope 16 (1965) 668
[4] *M. F. Abdel-Wahab, M. A. El-Garhy, Y. M. Megahed, S. A. El-Kinawi,* Radiochim. Acta 5 (1966) 11
[5] *S. A. Berson, R. S. Yallow, A. Bauman, M. A. Rothscheld, K. Newerly,* J. Clin. Invest. 35 (1956) 170
[6] *S. A. Berson, R. S. Yallow,* Nature 184 (1959) 1648
[7] *R. I. Misbin, J. P. O'Leary, A. Pulkkinen,* Science 205 (1979) 1003

Some Remarques on the Behaviour of the Separation Factor Versus wall Temperatures in a Thermal Diffusion Column

M. Atanasiu, I. Hodor, G. Văsaru
(Institute for Isotopic and Molecular Technology)[1]

Keywords

argon isotopes; separation processes; thermal diffusion

Let be considered the separation process of a binary mixture on a column in which an elementary effect is multiplied by a countercurrent movement. The longitudinal ordinary diffusion is superposed on the separation phenomenon and tends to reduce the separation effect. The theoretical treatment of some particular cases has shown that at the total reflux, the separation factor Q_e has a maximum value for some value of the countercurrent movement [1, 2].

In the case of a thermal diffusion (TD) column, the countercurrent movement depends on many factors. One of these is the annular space between the hot and cold walls; the smaller the space is the smaller is the countercurrent movement. *Cohen* [3] has shown theoretically that there is an optimum spacing which gives a maximum longitudinal gradient of concentration.

The main parameter which is responsible for the countercurrent movement in a TD column is the transversal temperature gradient. The existence of an optimum temperature gradient to give a maximum value for Q_e is not expected here because the larger the temperature gradient is, the larger is the TD transport which seems to mean that the larger must be separation Q_e. Still, we have proved by numerical calculations in a particular case that such a maximum does exist. The calculations have been done for the case of $^{36,40}Ar$ isotopes separation in a hot wire TD column with the cold wall radius of $r_1 = 0{\cdot}495$ cm, the hot wire radius of $r_2 = 0{\cdot}04$ cm and the length of $L = 290$ cm.

The column equilibrium separation factor Q_e at total reflux was evaluated by means of:

$$Q_e = e^{\frac{HL}{K_c + K_d}}$$

where H, K_c and K_d are the column transport coefficients [4].

The calculus of Q_e was performed in two cases: a) for constant hot wire temperature T_2 and variable cold wall temperature ($-50\ °C \leq T_1 \leq 70\ °C$) and b) for different values of T_2 (400 °C, 600 °C, 800 °C, and 1000 °C). For each case the column transport coefficients H, K_c and K_d were determined as usually [4] and the shape factors used for the evaluation of these coefficients were taken, by interpolation, from the tables for the *Lennard-Jones* (12,6) interaction potential, with $\varepsilon/k = 116$ K.

The variation of Q_e versus T_1 presented in Fig. 1 indicates maximum values of the separation factor at those T_1 values at which $K_c \cong K_d$.

Of course, the existence of a maximum Q_e for some value of the temperature gradient is of little importance in designing a TD cascade, but this is useful if in the case of a constructed cascade a large separation factor is desired.

Received July 7, 1982

References

[1] *J. W. Westhaver,* Ind. Eng. Chem. 34 (1942) 126
[2] *W. Kuhn,* Helvetica Chimica Acta 25 (1942) 252
[3] *K. P. Cohen,* Applications of Isotope Theory to Experiment, Proceedings of the International Symposium on Isotope Separation, Amsterdam, April 23–27, 1957, p. 3, North-Holland Publishing Company-Amsterdam
[4] *Gh. Văsaru,* Separation of Isotopes by Thermal Diffusion, USERDA-tr-32, 1975, Oak Ridge, Tennessee

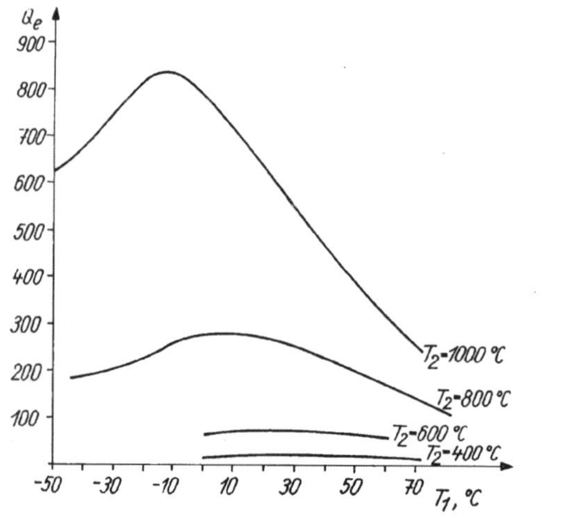

Fig. 1. Dependence of the equilibrium separation factor, Q_e, versus cold wall temperature, T_1, for different hot wall temperatures, T_2

[1]) Address: R-3400 Cluj-Napoca, P.O. Box 700, Romania

Aus der Praxis

Zu einigen Fragen der Radiochemieausbildung an der TU Dresden, Sektion Chemie

Keywords

education; isotope applications; radiochemistry

Direktstudium

Im Rahmen des Chemiestudiums sind den Studenten Kenntnisse, Fähigkeiten und Fertigkeiten zu vermitteln, die sie in die Lage versetzen, in ihrem späteren Einsatzgebiet naturwissenschaftliche Untersuchungsmethoden mit hoher Effektivität zur Lösung wissenschaftlicher und technischer Probleme auszuführen.

In der chemischen Grundlagenforschung sowie der Grundlagenforschung verwandter naturwissenschaftlicher Disziplinen gehören radiometrische Untersuchungsmethoden zum modernen Methodenbestand.

In der angewandten und technologischen Forschung in der chemischen Industrie sind besonders auf dem Gebiet der Stofftransportprozesse radiometrische Verfahren unentbehrlich für die Optimierung technischer Anlagen. Ein in der Industrie tätiger Chemiker muß notwendigerweise über Grundkenntnisse verfügen, die es ihm gestatten, die Einsatzmöglichkeiten radiometrischer Verfahren auf seinem Arbeitsgebiet zu beurteilen.

Mit der zunehmenden Erzeugung von Kernenergie entsteht ein steigender Bedarf an Chemikern, die auf dem Gebiet der Radiochemie eingesetzt werden können bzw. die an solchen Aufgaben, wie der Beseitigung radioaktiver Abfälle, der Gewährleistung des Strahlen- und Umweltschutzes und der Kernbrennstoffwirtschaft maßgeblich mitarbeiten können. Im Rahmen der notwendigen militärwissenschaftlichen Bildung kommt der Vermittlung von Kenntnissen über die chemischen Probleme von Kernwaffen und über den Schutz vor den Folgen von Kernwaffeneinsätzen eine große Bedeutung zu.

Die skizzierte Rolle des Nuklideinsatzes in der Volkswirtschaft zwingt zu Überlegungen, in welchem Umfang und an welchen Stellen der Ausbildungsprogramme den Chemiestudenten Kenntnisse und Arbeitsmethoden der Isotopen- und Strahlentechnik vermittelt werden, die den Anforderungen der Praxis entsprechen.

An der Sektion Chemie der Technischen Universität Dresden werden seit ca. 10 Jahren verstärkt radiochemische Gesichtspunkte bei der Ausbildung von Verfahrens- und Synthesechemikern berücksichtigt. So werden an alle Studenten Grundkenntnisse auf diesem Gebiet in den dafür geeigneten Studienabschnitten vermittelt. Theoretische Voraussetzungen schaffen die Lehrabschnitte Physik sowie Aufbau und Eigenschaften der Stoffe. Erste praktische Fertigkeiten können in den Lehrabschnitten Kinetik (Untersuchung des Isotopenaustauschs mittels radioaktiver Markierung) und Technische Chemie (Verweilzeituntersuchungen an Modellreaktoren) erworben werden. Eine vertiefende Ausbildung ist im Rahmen der wahlobligatorischen Lehrveranstaltungen (Vorlesung und Praktikum Radiochemie) gegeben. Von etwa 30% aller Studenten der Fachstudienrichtungen Synthesechemie und Verfahrenschemie wird ein kombiniertes Praktikum gewählt, in dem außer radiochemischen Aufgaben auch solche aus den Gebieten der IR- und NMR-Spektroskopie sowie der Chromatographie enthalten sind. Die Ableitung von Praktikumsaufgaben aus den Forschungsrichtungen der Arbeitsgruppe Radiochemie gestattet es, praxisnahe Versuche auszuwählen. Hierzu gehört die Messung von Ionenbeweglichkeiten und die Durchführung von Untersuchungen an Polymeren wie z.B. die Bestimmung der Konzentration funktioneller Gruppen unter Anwendung von Radionukliden. Spezielle Lehrveranstaltungen werden für die dem Wissenschaftsbereich Struktur- und Radiochemie zugeordneten Studenten im Fachstudium durchgeführt (s. Tab. 1).

Tab. 1. Möglichkeiten der Vermittlung radiochemischer Kenntnisse und Fertigkeiten im Chemiestudium an der TU Dresden

Grundstudium	Physik
	Aufbau und Eigenschaften der Stoffe
	Kinetik (Austauschreaktion)
Fachstudium	Technische Chemie (Verweilzeitmessungen)
	WO-Vorlesung Radiochemie
	WO-Praktikum Radiochemie
	WO-Praktikum Struktur- und Radiochemie (RCh, IR, NMR ...)
	WB-Vorlesung Radiochemische Arbeitsmethoden
	WB-Praktikum Struktur- und Radiochemie
	Vertiefungspraktikum Radiochemie (4 Wochen ganztägig)
	Berufspraktikum im ZfK ($2^1/_2$ Monate)
	Diplomarbeit mit radiochemischer Thematik
Promotion	Radiochemische Thematik in Zusammenarbeit mit VIK Dubna, ZfK Rossendorf oder anderen Einrichtungen

WO = Wahlobligatorisch
WB = Für Studenten, die dem Wissenschaftsbereich Struktur- und Radiochemie zugeordnet sind, obligatorisch

Mit der Einführung des 15 Wochen-Semesters und der damit gegebenen vorlesungs- und lehrveranstaltungsfreien Zeit wurde die Möglichkeit geschaffen, Studenten bereits vom 2. Studienjahr ab gemeinsam mit Studenten höherer Studienjahrgänge an abgestimmten Forschungsaufgaben im Bereich Struktur- und Radiochemie teilnehmen zu lassen. Besonderer Wert wird hierbei auf die selbständige Lösung der gestellten Aufgaben gelegt.

Von hoher Bedeutung für die Erziehung und Ausbildung der künftigen Diplomanden auf dem Gebiet der Radiochemie ist das am Ende des 8. Semesters stattfindende Berufspraktikum von $2^1/_2$ Monaten Dauer im ZfK Rossendorf der AdW der DDR. Die langjährige enge Zusammenarbeit zwischen der Sektion Chemie der TU Dresden und dem Bereich Radioisotope des ZfK hat auch zu einer hohen Qualität in der Durchführung dieses wichtigen Lehrabschnittes geführt. Diese engen Beziehungen wirken sich auch vorteilhaft auf die Qualität von Diplom- und Promotionsarbeit mit radiochemischer Thematik aus, die aus der arbeitsteiligen Forschung dieser beiden Einrichtungen und aus der Zusammenarbeit mit dem VIK Dubna resultieren. Eine Zusammenfassung der mit der Radiochemie verbundenen Lehrveranstaltungen zeigt Tab. 1.

Postgradualausbildung Radiochemie

Auf der Gründungsversammlung der AG-Radiochemie/FV-Analytik der chemischen Gesellschaft der DDR konnte der erfolgreiche Verlauf des ersten Lehrgangs im Postgradualstudium Radiochemie ausgewertet werden. Dieses zweijährige Fernstudium an der TU Dresden wird von Lehrkräften der Sektionen Chemie, Physik und Energieumwandlung der TU und von Lehrkräften aus den Zentralinstituten für Kernforschung und für Festkörperphysik und Werkstofforschung der AdW der DDR getragen. Tab. 2 zeigt die vertretenen Lehrgebiete mit den Stunden für Selbststudium, Lehrveranstaltungen und Praktika. Die Lehrveranstaltungen werden in Seminarkursen von jeweils einer Woche Dauer gehalten. Die Abschlußarbeit umfaßt einen Zeitraum von vier Wochen und wird mit einer aus dem Arbeitsgebiet der Studenten abgeleiteten Thematik im delegierenden Betrieb durchgeführt. 1981 konnten 20 Teilnehmer des ersten Matrikels erfolgreich ihre Abschlußarbeiten verteidigen. Die Themen lassen sich den in Tab. 3 aufgeführten Gebieten zuordnen. Die angefertigten Abschlußarbeiten stellen einen spürbaren Vorteil für die delegierenden Einrichtungen dar.

Tab. 2. Postgradualstudium Radiochemie, Stundentafel

Lehrgebiet	Stunden		
	Selbststudium	Lehrveranstaltung	Praktika
1. Ausgewählte Probleme des Marxismus-Leninismus	40	15	
2. Physikalische Grundlagen	120	40	
3. Messung ionisierender Strahlung	80	30	30
4. Radiochemische Arbeitsmethoden	210	50	60
5. Chemie der radioaktiven Elemente	100	20	
6. Chemische Probleme der Kernenergetik	40	20	
7. Strahlenchemie	20	10	
8. Dosimetrie und Strahlenschutz	50	10	5
9. Abschlußarbeit	250	15	
	910	210	95

Tab. 3. Postgradualstudium Radiochemie, Themengruppen der Abschlußarbeiten

Themengruppe	Zahl der Arbeiten
Technologie der Isotopenproduktion	7
Sicherung und Verbesserung der Qualität von radioaktiven Präparaten	4
Nukleare Analysenverfahren	1
Radiochemische Grundlagen	3
Kernbrennstoffe	2
Meßtechnik	2
Radioaktive Abfälle	1
	20

Bei den Teilnehmern am Postgradualstudium handelte es sich vorwiegend um Chemiker und Ingenieure mit mehrjähriger Berufspraxis, aber ohne umfassende Grundkenntnisse auf dem radiochemischen Fachgebiet (Tab. 4). Das Studium half, diese zu festigen und erweitert somit das Einsatzgebiet der Absolventen. Die Erfahrungen des Postgradualstudiums werden weiter ausgewertet. Das 2. Matrikel begann im Herbstsemester 1982 mit dem Studium.

Zur Optimierung der Ausbildung wurde in Abstimmung mit dem Ministerium für Gesundheitswesen der DDR die radiochemische Ausbildung der im Bereich der Nuklearmedizin tätigen Chemiker koordiniert.

Mit der Matrikel 2 begannen im Herbst ca. 20 Mitarbeiter aus medizinischen Einrichtungen die Ausbildung an der TU Dresden gemeinsam mit weiteren Kadern aus der Praxis.

Nach dem 1. Studienjahr, in welchem insbesondere die Grundlagenausbildung erfolgt (physikalische Grundlagen, Messung ionisierender Strahlung, radiochemische Arbeitsmethoden usw.), übernimmt für die medizinisch orientierten Mitarbeiter das Ministerium für Gesundheitswesen die weitere nuclearmedizinisch orientierte Ausbildung.

Tab. 4. Berufspraxis von Studenten des Postgradualstudiums Radiochemie bei Studienbeginn

Berufspraxis in Jahren	%
ohne	0
bis 3	14
4–10	59
11–15	18
>15	9

Forschungsbezogenes Praktikum

Wir halten es für sehr wesentlich, daß bei der Ausbildung der Studenten im Rahmen des Fachstudiums immer stärker die Wechselwirkung zwischen Forschung und Lehre zum Ausdruck kommt. Auch bei der Gestaltung der radiochemischen Praktikumsaufgaben sollte der Bezug Forschung–Lehre deutlich sichtbar werden. Es kommt unseres Erachtens hierbei darauf an, daß Forschungsrichtungen, die an der Sektion vertreten sind, auch im radiochemischen Praktikum ihren Niederschlag finden. Umgekehrt besteht bei den unmittelbar aus der Forschung übernommenen Praktikumsaufgaben die Möglichkeit, einen Beitrag z.B. zur

Statistik von Experimenten oder bei Experimenten mit unbekanntem Ausgang einen echten Forschungsbeitrag durch die Praktikumsgruppe leisten zu lassen. Ausgehend von dieser Aufgabenstellung wurden im Ergebnis von Forschungsaufgaben auf den Gebieten Radiochemie, Elektrochemie, Polymerenchemie und technische Chemie eine Reihe von Praktikumsaufgaben abgeleitet. Es seien genannt:

- Bestimmung des Initiatoreinbaues bei der radikalischen Polymerisation, kombiniert mit gelchromatographischer Trennung von Polymer, unverbrauchtem Initiator und Initiatorreaktionsprodukten;
- Sulfonatgruppenbestimmung in Polymeren;
- Bestimmung des Präparationsauftrages auf Fäden;
- Analyse von anorganischen Iodverbindungen mittels Papier und -Dünnschichtchromatographie sowie durch Papierelektrophorese;
- Radiometrische Bestimmung von Ionenbeweglichkeiten

Einige Versuchsangaben werden im folgenden gegeben: Auf die Darstellung von Aufgaben, die in Lehr- und Praktikumsbüchern (z.B. Herforth-Koch [1]) ausführlich beschrieben sind, und die ebenfalls bei der Ausbildung eingesetzt werden, wird nicht näher eingegangen. Bei der Beschreibung der einzelnen Praktikumsversuche beschränken wir uns auf wesentliche Angaben zur Versuchsdurchführung und -auswertung. Fragen der Meßtechnik für Radionuklide, Strahlenschutz usw. sind sinngemäß aus den einschlägigen Lehrmaterialien zu übernehmen.

Radiometrische Bestimmung von Ionenbeweglichkeiten

Nach dem klassischen elektrochemischen Verfahren sind die Ionenbeweglichkeiten aus Leitfähigkeitsmessungen und Überführungszahlen oder nach der Methode der wandernden Grenzschichten zugänglich. Angaben über die Ionenbeweglichkeit eines in nur geringer Konzentration in einem Fremdelektrolyten vorliegenden Ions sind nach diesen Methoden nicht zu erhalten. Die Anwendung von Radionukliden gestattet es, die Wanderungsgeschwindigkeit eines Ions in einem beliebigen flüssigen Elektrolyten unmittelbar zu messen. Man ist somit in der Lage, auch für trägerfreie Verbindungen zu einer exakten physikalischen Konstanten, wie sie die Ionenbeweglichkeit darstellt, zu kommen.

Zur Charakterisierung und Identifizierung von Technetium- und Astatverbindungen wurde diese Methode mit Erfolg angewendet. Aus letzteren Untersuchungen wurde ein Praktikumsversuch abgeleitet, der ohne größeren apparativen Aufwand in jedem radiochemischen Praktikum aufgebaut werden kann. Das Grundprinzip besteht darin, daß in einer mit Elektrolyt gefüllten temperierten Glasröhre die markierte Verbindung an einer Stelle eingebracht wird und nach Einschalten einer Gleichspannung die Wanderung des Ions mit Hilfe einer Aktivitätsmeßanordnung unmittelbar gemessen wird. Hierbei sind sowohl ein stationärer Aufbau der Meßsonden und Bleikollimatoren als auch die Messung mit einer beweglichen Meßsonde möglich.

In Abb. 1 ist eine Migrationsapparatur dargestellt, Abb. 2 zeigt eine schematische Darstellung der Gesamtmeßanordnung in zwei Varianten. Für die Messung geeignet sind γ-strahlende Nuklide. Bei Vorliegen geeigneter γ-Spektren kann im Analysatorbetrieb mit den γ-Linien niederer Energien gearbeitet werden und damit die Dicke der Kollimatoren gering gehalten werden.

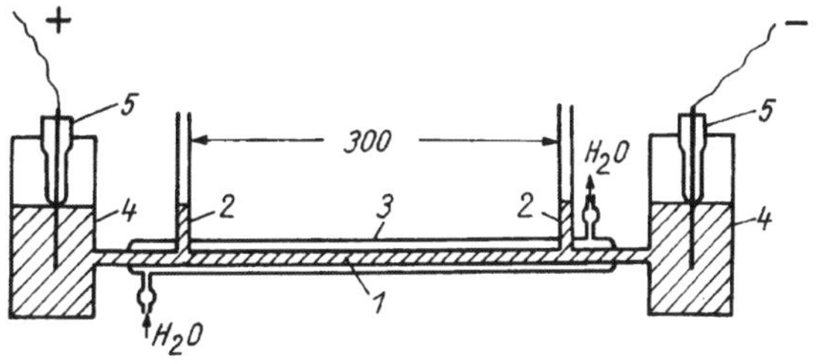

Abb. 1. Elektromigrationsapparatur für Messungen der Wanderungsgeschwindigkeit im freien Elektrolyten

1 – Meßröhre 4–5 mm; 2 – Steigröhre für Probenzugabe; 3 – Kühlung; 4 – Elektrolytgefäße, Volumen ca. 100 ml; 5 – Platinelektroden

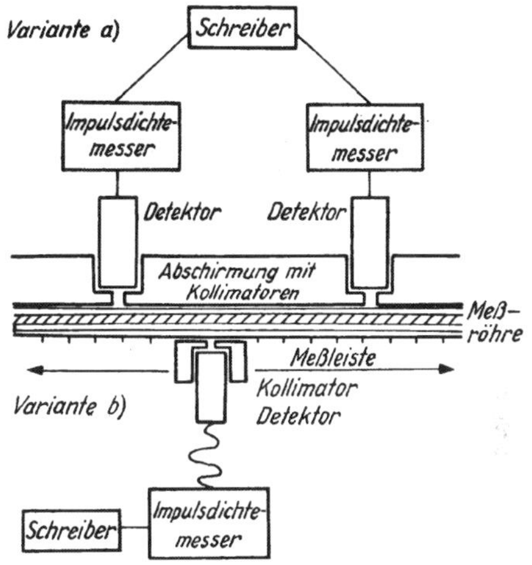

Abb. 2. Grundaufbau der Elektromigrationsanordnung

Variante a) Anordnung mit stationärer Detektoranordnung

Variante b) Meßanordnung mit beweglichem Detektor: Positionierung von Hand bzw. Messung mit kontinuierlich bewegtem Detektor

Aus Gründen des Arbeitsschutzes ist die Elektromigrationsapparatur berührungssicher in einem geschlossenen Kasten aufzubauen. Über einen Sicherheitsschalter und zwischengeschaltete Relais muß beim Öffnen des Deckels die Hochspannungsquelle abgeschaltet werden.

Arbeitsanleitung und Auswertung. In die mit Elektrolytlösung gefüllte und 15 Minuten temperierte Meßanordnung werden durch das Steigrohr ca. 10–20 µl der zu untersuchenden Verbindung mittels Kapillarpipette oder einer einfachen Glaskapillare in das Zentrum der Meßröhre zugegeben. Nach Einschalten der Gleichspannung wird bei Variante a der Aktivitätsdurchgang an den sich im Abstand von z.B. 10 cm entfernten Kollimatoren gemessen und registriert.

Bei Variante b kann der Detektor, je nach der Wanderungsgeschwindigkeit des zu untersuchenden Ions, mehrfach in eine neue Position gebracht werden. Man erhält eine größere Zahl von Meßwerten und ist gleichzeitig in der Lage, die Konstanz der Wanderungsgeschwindigkeit über die gesamte Meßstrecke zu prüfen. Die Auswertung der Schreiberdiagramme ist bei einem symmetrischen Verlauf der Meßkurven unproblematisch. Im anderen Falle kann auf den „Versuch zur Messung von Gasgeschwindigkeiten nach dem Zweipunktverfahren" [1] zurückgegriffen werden.

Eine Automatisierung der Meßanordnung unter Verwendung einer mit konstanter Geschwindigkeit die Meßröhre abfahrende Meßsonde erlaubt auch kinetische Untersuchungen.

Tab. 5. Radiometrisch bestimmte Ionenbeweglichkeiten bei 25 °C

Markiertes Ion	Elektrolyt		Ionenbeweglichkeit $cm^2\,V^{-1}\,s^{-1}/\cdot 10^4$
^{131}I	KI	0,01 m	7,90 ± 0,10
	KNO_3	0,01 m	7,84 ± 0,10
	Na_2SO_4	0,01 m	7,95 ± 0,10
$^{99m}TcO_4^-$	$NaNO_3$	0,01 m	5,50 ± 0,10
	NaCl	0,01 m	5,48 ± 0,10
^{82}Br	KBr	0,01 m	7,91 ± 0,10
	NaOH	0,005 m	8,03 ± 0,10
	HNO_3	0,001 m	8,08 ± 0,10

In Tab. 5 sind einige radiometrisch bestimmte Ionenbeweglichkeiten für trägerfreie Radionuklide in gleichionigen und Fremdelektrolyten zusammengestellt.

Sulfonatgruppenbestimmung an Polymeren

Aufgabenstellung. Die Konzentration von Sulfonatgruppen in einer Polymerenprobe wird durch Ionenaustausch unter Verwendung von radioaktiv markiertem NaCl bestimmt. Als Radionuklid dient ^{22}Na.

Arbeitsanleitung. Von der Polymerprobe werden 3 Einwaagen zu je etwa 100 mg 30 Minuten lang mit jeweils 20 ml einer NaCl-Lösung zum Sieden erhitzt, die ^{22}Na-Ionen enthält. Dabei erfolgt die Einstellung des Austauschgleichgewichtes:

$$R{-}SO_3Na + {}^*Na^+ \leftrightarrows R{-}SO_3^*Na + Na^+$$

Die Proben werden anschließend in Meßröhrchen überführt und mit 20 ml heißem Wasser gewaschen. Nach Verschluß der Röhrchen mit einer Kappe erfolgt die Messung der Radioaktivität in einem Bohrlochszintillationszähler. Durch Vergleich mit einem Standard wird die Konzentration an Na^+, die der Konzentration der Sulfonatgruppen entspricht, ermittelt. Zur Erreichung einer ausreichenden Genauigkeit sind bei den Proben mindestens 10^4 Impulse zu zählen. Die Berechnung erfolgt nach 2 Verfahren:

a) Unter der Annahme, daß durch einen hohen Überschuß an $^*Na^+$-Ionen in der Lösung das Austauschgleichgewicht ganz auf der rechten Seite liegt, gilt:

$$\bar{c}_x = \bar{c}_{*Na} = \frac{I}{ES_1}\left[\frac{mol}{g}\right]$$

$\bar{c}_x$ Konzentration an Sulfonatgruppen im Polymeren
$\bar{c}_{*Na}$ Konzentration an markiertem Natrium im Polymeren
I Impulsrate der Polymerprobe
E Probeneinwaage
S_1 Spezifische Radioaktivität der Na^+-Ionen in der Ausgangslösung

b) Bei Berücksichtigung der Verdünnung der $^*Na^+$-Ionen durch die ursprünglich im Polymeren enthaltenen Na^+-Ionen gilt die Beziehung der Isotopenverdünnungsanalyse

$$\bar{c}_x = \frac{m_0}{E}\left(\frac{S_1}{S_2} - 1\right)$$

m_0 = zugesetzte Menge an Na^+-Ionen
S_2 = spezifische Radioaktivität der Na^+-Ionen nach der Gleichgewichtseinstellung

Unter der Randbedingung, daß die Gesamtkonzentration an Natriumionen konstant bleibt, gilt

$$\frac{S_1}{S_2} = \frac{S_1 m_0}{S_1 m_0 - I}$$

und somit

$$\bar{c}_x = \frac{m_0}{E}\left(\frac{S_1 m_0}{S_1 m_0 - I} - 1\right)$$

Die Angabe der Sulfonatgruppenkonzentration im Polymeren soll in mol pro 100 g Polymeres sowie in Prozent Schwefel erfolgen.

Bestimmung des Präparationsauftrages auf Fäden

Die Verarbeitung von Fäden auf Textilmaschinen erfordert die Aufbringung von Präparationsmitteln, damit ein gleichmäßiger und reibungsarmer Fadenlauf gewährleistet ist. Für die Verarbeitung auf Wirk- und Strickmaschinen werden die Fäden mit geringen Mengen an Paraffin präpariert. Bei den angewandten Mengen von 0,1 bis etwa 1 g Paraffin pro 10^4 m Fadenlänge bereitet die Bestimmung der Höhe und Gleichmäßigkeit des Auftrages mit konventionellen Mitteln erhebliche Schwierigkeiten.

Aufgabenstellung. Unter Verwendung von radioaktiv markiertem Paraffin ist die durchschnittliche Höhe des Paraffinauftrages auf Baumwoll-, Woll- oder PAN-Fäden zu bestimmen. Aussagen über die Gleichmäßigkeit der Verteilung werden durch das Abmessen von 15 Proben von je 1 m Länge gewonnen. Weiterhin können Autoradiographien angefertigt werden.

Arbeitsanleitung. Das radioaktiv markierte Paraffin wird vom Assistenten in die Paraffiniervorrichtung eingespannt. Mit Hilfe einer Aufspulvorrichtung werden ca. 20 m eines Fadens an dem Paraffin entlanggeführt. Von dem paraffinierten Faden werden 15 Proben von je 1 m Länge in Reagenzgläser gegeben und im Bohrlochszintillationszähler ausgemessen.

Als Standardproben werden von dem markierten Paraffin 3 Proben von jeweils etwa 5 mg in Reagenzgläser eingewogen und ebenfalls ausgemessen. Eine Probe des paraffinierten Fadens kann in einer Vorrichtung mit einem Röntgenfilm in Kontakt gebracht werden. Nach einer Belichtungszeit von 1 Woche wird der Film entwickelt.

Bei der Auswertung der Meßergebnisse sind anzugeben:

- der durchschnittliche Paraffinauftrag in mg pro m Fadenlänge
- die Schwankungsbreite der Auftragswerte
- die Standardabweichung.

R. Dreyer, S. Riedel, I. Dreyer
TU Dresden, Sektion Chemie
8027 Dresden, Mommsenstr. 13

Eingegangen am 14. 7. 1982

Literatur

[1] *L. Herforth, H. Koch, K. Hübner*, Praktikum der Radioaktivität und der Radiochemie. Berlin: VEB Deutscher Verlag der Wissenschaften 1981

Tagungsberichte

5. TIHANY Symposium über Strahlenchemie vom 19.—24. Sept. 1982 in Siofok, Ungarn

In Fortsetzung einer guten Tradition fand das fünfte Tihany Symposium der Strahlenchemiker (diesmal in Siófok) statt. Es wurde wiederum von der strahlenchemischen Sektion der ungarischen chemischen Gesellschaft in Zusammenarbeit mit der Internationalen Atomenergie-Organisation organisiert.

Auf dem Symposium waren die maßgebenden Arbeitskreise der Strahlenchemie der sozialistischen Länder, weiterer europäischer sowie überseeischer Länder vertreten. Das Tagungsprogramm war offen für Beiträge aus allen Teilgebieten der Strahlenchemie. Die Vorträge wurden in zwei parallelen Sitzungsgruppen dargeboten. Eine Rundtischveranstaltung zum Thema der industriellen Anwendung ionisierender Strahlung fand statt.

Die Vielfalt der vorgetragenen Arbeitsergebnisse war sehr groß, wobei sehr häufig durch die Nutzung verbesserter oder wesentlich erweiterter physikalisch-chemischer Methoden zu länger bekannten Problemstellungen der Strahlenchemie vertiefende und klärende Aussagen gewonnen werden konnten. So wurden die hochfrequenzspektroskopischen Untersuchungen ausgebaut und für die räumlichen wie strukturellen Besonderheiten der Nahordnungsbereiche bestrahlter Systeme dadurch neue Einsichten vermittelt. Von zunehmendem Gewicht sind die Möglichkeiten der Pulsradiolyse im Subnanosekundenbereich. Schnelle Anregungsprozesse, die Gesetzmäßigkeiten intramolekularer Desaktivierungen und des Energietransfers wurden zugänglich, und über die Eigenschaften der primären und sekundären Ionen bzw. Radikalionen formt sich ein zunehmend deutlicheres Bild aus derartigen Untersuchungen. Pulsradiolytische Arbeiten, die nicht das Ziel hatten, in die extremen Kurzzeitbereiche vorzudringen, behandelten neben dem Reaktionsverhalten der solvatisierten Elektronen in verschiedenen polaren Flüssigkeiten und Gemischen verstärkt die Aufklärung von Detailschritten der Strahlenwirkungskette komplizierterer organischer Systeme, z. T. unter strahlenbiologischen Aspekten.

Im Zusammenhang mit der zeitlich hochaufgelösten Pulsradiolyse treten neue theoretische Probleme der Primärproduktstruktur und der Elementarprozesse auf, die in einigen Vorträgen behandelt wurden.

Die traditionelle Arbeitsweise der Strahlenchemie, durch kontinuierliche Bestrahlung und anschließende Produktanalyse im Bestrahlungsgut Aussagen zu gewinnen, wurde naturgemäß in einer großen Zahl von Untersuchungen beibehalten. Es war jedoch deutlich zu erkennen, daß sich hierbei das Interesse auf ganz spezielle Systeme einengt. Bei anorganischen Arbeiten handelte es sich um Lösungen von Komplexverbindungen, speziell auch von Heteropolyverbindungen, um strahlenchemische Abläufe in Wasser-Alkohol-Mischungen oder um die Beeinflußbarkeit komplexer Reaktionsabläufe in oszillierenden Redoxsystemen. Im Mittelpunkt organisch-chemischer Untersuchungen standen einerseits Versuche, den Radiolyseablauf in Verbindung mit strukturellen Merkmalen von einander verwandten Stoffen zu interpretieren, andererseits Bemühungen, die Hauptangriffsorte der primären Strahlenwirkung in Farbstoffen und organischen Komplexverbindungen zu lokalisieren. Die ungarische strahlenchemische Schule verfolgte daneben in ausgeprägtem Maße die Strahlenchemie der Kohlenwasserstoffe und ihrer Derivate bezüglich der Zwischenproduktbildung, Oxydation und Halogenierung, wobei teilweise auch strahlentechnologische und kinetische Aspekte einbezogen waren.

Auffallend war, daß auf dem Symposium die Untersuchung biologisch wichtiger Verbindungen und von Systemen, die Bezug zur Biochemie besitzen, stärker als früher vorgestellt wurde. Dabei war gleichzeitig zu bemerken, daß es sich vorwiegend um makromolekulare Produkte handelte, so daß die reichen Erkenntnisse der Strahlenchemie von Polymeren zur Interpretation mit herangezogen werden konnten.

Als Alternative zur Untersuchung der frühen Radiolysestadien mit pulsradiolytischen Mitteln hat sich das Studium tiefgefrorener Lösungen in glasförmiger Konsistenz erstaunlich intensiv behauptet und liefert, wie die auf dem Symposium vorgetragenen Beispiele beweisen, auch gegenwärtig wertvolle Ergänzungen und neue Denkanstöße.

Einen breiten Raum nahmen auf dem Symposium die Vorträge und Diskussionen zur strahleninduzierten Polymerisation und Polymerenbehandlung ein. Dies ist bei weitem das ausgedehnteste Gebiet strahlenchemischer Untersuchungen, und hier sind weltweit auch bereits beachtliche industrielle Realisierungen erfolgt. Die Vielfalt der Systeme und Materialanforderungen bringt es mit sich, daß auch heute noch eine Reihe von Fragestellungen auftauchen, die eine angewandte Grundlagenforschung notwendig machen. Die meisten der auf dem Symposium vorgestellten Arbeiten gehören dieser Kategorie an, doch wurden auch für die industrielle Praxis lehrreiche Beispiele geboten.

Während die bisher besprochenen Arbeiten sich den länger bekannten Hauptrichtungen der Strahlenchemie zuordnen lassen, traten in zwei Sektionen neuere Arbeitsrichtungen in Erscheinung. Ausgehend von den früheren Studien über die Strahlenchemie an anorganischen Festkörperoberflächen und die Strahlenwirkung auf Adsorbate hat sich in Verbindung mit speziellen Untersuchungen von Kolloiden eine Forschungsthematik herausgebildet, bei der anorganische Oberflächen durch konventionelle oder radiolytische Technik mit definierten metallischen Zentren beladen werden, wodurch sich Besonderheiten von Redox- und Transportphänomenen an der Phasengrenze derart behandelter Oberflächen zu Lösungen ergeben.

Eine weitere neue Richtung der Strahlenchemie ist die Untersuchung der Positronen und Müonen in Wechselwirkung mit Materie, wobei die Bildung von Positroniumionen und ihre Ausbeute im Zusammenhang der Strahlenchemie von besonderem Interesse ist. Entsprechend der erst kurzen Zeitspanne in der diese Fragen untersucht und publiziert werden, hatten die Beiträge auf dem Symposium orientierenden Übersichtscharakter.

Wie bei den früheren Symposien ist die Veröffentlichung der vollständigen Vortragsmaterialien, ergänzt um die Diskussionsbeiträge, in Form eines Sammelbandes vorgesehen. Unsere Zeitschrift wird über das Erscheinen informieren, da mit den Materialien des Symposiumsbandes wertvolle Detailinformationen allgemein zugänglich werden.

U. Prösch

Eingegangen am 11. 10. 1982

Zweites Isotopenkolloquium Freiberg, 22.—25. Juni 1982

Isotopenphysikalische und -geochemische Forschungen werden gegenwärtig an der Bergakademie Freiberg — historisch hervorgegangen aus seit Anfang dieses Jahrhunderts u. a. am Radiuminstitut Freiberg beheimateten Untersuchungen der natürlichen Radioaktivität in Wässern und Gesteinen — gemeinsam von den Bereichen Mineralogie, Angewandte Physik, Hydrogeologie und Geophysik durchgeführt.

1979 fand auf Anregung der Sektionen Physik und Geowissenschaften der BA Freiberg das 1. Freiberger Isotopenkolloquium statt, das zahlreiche auf dem Gebiet der Anwendung von Umweltisotopen tätige Wissenschaftler der sozialistischen Länder zusammenführte. Einer damals getroffenen Vereinbarung der Teilnehmer entsprechend, sollte dieses Freiberger Isotopenkolloquium künftig im Abstand von drei Jahren regelmäßig durchgeführt werden.

Eingebettet in das Programm des XXXIII. Berg- und Hüttenmännischen Tages, der in diesem Jahr der Suche, Erkundung, Gewinnung, Verarbeitung und Nutzung mineralischer Rohstoffe gewidmet war, fand nunmehr das 2. Freiberger Isotopenkolloquium an der Bergakademie statt. An der Tagung nahmen etwa 80 Wissenschaftler aus der DDR, der UdSSR, der VR Polen, der ČSSR und der UVR teil. Das Tagungsprogramm umfaßte 55 Beiträge, die sich zu etwa gleichen Teilen Untersuchungen am Gestein und am Wasser widmeten.

Die Veranstalter (Leitung des Kolloquiums: *H. J. Rösler, H. Jordan, K. Fröhlich, J. Pilot*) werteten die starke internationale Beteiligung, die sich ausdrückt in 20 Beiträgen, davon 11 aus der UdSSR, als Ausdruck der Notwendigkeit einer solchen Veranstaltung und zugleich als Anerkennung der an der Bergakademie auf dem Gebiet der Isotopenanwendung in den Geowissenschaften erreichten Ergebnisse.

Etwa die Hälfte der Beiträge stellte Ergebnisse vorwiegend der isotopengeochemischen, mineralogischen und umweltphysikalischen Grundlagenforschung vor, 15 Beiträge erläuterten praktische Anwendungen in der geologischen Industrie und im Bergbau.

Aus der Übersicht aller Vorträge lassen sich einige generelle Tendenzen ableiten:

— Isotopenphysikalische und -geochemische Untersuchungen bringen in geowissenschaftliche Studien zu Massentransportvorgängen zusätzlich zur Massenbilanz zwei wesentliche Erweiterungen ein: Die Isotopenbilanz und eine Zeitskala. Sie tragen so zur Quantifizierung geowissenschaftlicher Forschungen bei. Aus der Analyse der gegenwärtigen isotopischen Zusammensetzung von Mineralen und Gesteinen lassen sich quantitative Aussagen über Bildungs- und Umbildungsvorgänge ableiten, die in der Erdgeschichte weit zurückliegen. Beispiele:
Wetzel u. *Schütze*: Zur isotopengeochemischen Charakterisierung granitischer Intrusiva.
Schütze: Der ^{18}O-Index als Hilfsmittel zur Aufklärung des Verhaltens der Sauerstoffisotope im magmatischen Geschehen.
Pilot u. a.: Zur Genese tertiärer Phonolithe auf Grund von Rb-Sr- und K-Ar-Untersuchungen.
Wolf u. *Pilot*: Ergebnisse physikalischer Altersbestimmungen an Gesteinen und Gangbestandteilen der Fluoritlagerstätte Ilmenau-Gehren/DDR.
Hübner: Über die Änderung des ^{18}O-Gehaltes im Ozean im Verlauf geologischer Zeiten.
Šilar: Zur Entstehungszeit der Grundwässer der böhmischen Masse.
Trettin u. *Hiller*: ^{14}C-Untersuchungen an holozänen Niedermoortorfen des Havelländischen Luches.
Zuber u. *Grabczak*: Isotopenzusammensetzung im Pleistozän infiltrierter Wässer Polens.
Lein: Material- und Isotopenbilanz von Schwefel in ozeanen Sedimenten.

— Isotopenanalysen haben sich zu einem unverzichtbaren Instrument zur Beurteilung bergbausicherheitlicher und umweltphysikalischer Fragen, insbesondere auch zur Bewertung des Schutzes von Grundwässern gegen Kontamination, entwickelt. Sie gestatten Aussagen zur Herkunft und Genese einzelner Komponenten geosphärischer Stoffkreisläufe. Beispiele:
Hebert, Fröhlich u. *Schmiedl*: Methodische Beiträge zur Tritiumanalyse an salinaren Wässern.
Schmiedl u. a.: Der Einsatz der Deuterium- und Sauerstoff-18-Analyse im Kali- und Steinsalzbergbau der DDR ...
Hübner: Isotopenvariationen des Schwefels in Rauchfahnen.
Jessikow u. a.: Isotopenzusammensetzung unterirdischer Wässer einiger seismisch aktiver Gebiete der UdSSR.
Mühle u. *Stiehl*: Die Anwendung der Isotopenverhältnisse von H, C, N und O zur Klärung sicherheitstechnischer Fragen in der geologischen Praxis.
Käppler, Militzer u. *Stolz*: Anwendung integrierender Radonmessungen für die Lösung ingenieurgeophysikalischer Aufgaben.
Hulla u. a.: Hydrodynamische Dispersion in inkohäsiven Böden.

— Globale, regionale und auch objektbezogene hydrologische Untersuchungen erfolgen i. allg. unter Einbeziehung der Messung natürlicher Radionuklide (Tritium und ^{14}C) sowie der stabilen Isotope Deuterium, ^{18}O und ^{13}C, zunehmend aber auch geogener Radionuklide der Uraniumumwandlungsreihe. Beispiele:
Romanov u. *Ferronskij*: Zonale Verteilung von Tritium in Oberflächen- und Grundwässern der UdSSR.
Fröhlich u. *Hebert*: Beiträge zur Untersuchung der globalen Variation von Umweltnukliden.
Jordan u. a.: Regionale isotopenhydrogeologische Untersuchungen in der DDR.
Bresgunow u. *Romanov*: Untersuchungen der Mischungsprozesse von Salz- und Süßwässern mit Hilfe der natürlichen Isotope Tritium und ^{18}O.
Šilar (s. o.)

— Über isotopenspezifische Aussagemöglichkeiten hinaus erlangen Untersuchungen mit natürlichen (kosmogenen und geogenen) und künstlichen (technogenen) Radionukliden wie auch stabilen Isotopen besonderes Gewicht und hohe Aussagekraft, wenn sie komplex eingesetzt und mit klassischen geowissenschaftlichen, mineralogischen, geochemischen, chemischen und physikalischen Methoden verknüpft werden. Beispiele:
Fröhlich u. a.: Methodische Beiträge zur kombinierten Anwendung von Umweltnukliden.
Rožanski, Zuber u. a.: Interpretation von Tritiumdaten in Grundwassersystemen mit Hilfe stabiler Isotope.
Hulla u. a.: Künstliche radioaktive Isotope für hydrogeologische Untersuchungen an Brunnen.
Zuber u. *Grabczak*: (s. o.)

— Isotopenuntersuchungen werden zunehmend für die Lösung praktischer Fragestellungen eingesetzt bzw. unmittelbar ökonomisch wirksam.
Loos: Die Eichung eines Röntgenfluoreszenzspektrometers für Betriebsanalysen im Zinnbergbau.
Turček u. a.: Anwendung von radioaktiven Isotopen bei der Untersuchung von Rutschungen.
Mühle u. *Stiehl* (s. o.)
Hulla u. a. (s. o.)
Hebert u. a. (s. o.)
Jessikow u. a. (s. o.)

Das Isotopenkolloquium hat sich als eine Tagung der auf dem Gebiet der Messung und Anwendung natürlicher (geogener bzw. kosmogener) Radionuklide und stabiler Isotope arbeitenden Institutionen sozialistischer Länder etabliert. Neben dem wissenschaftlichen Meinungsaustausch zu Fragen der Grundlagenforschung (Studium globaler geosphärischer Vorgänge mittels Isotopenmethoden) dient es vor allem der Vorstellung praxisrelevanter Forschungsergebnisse auf den Gebieten Umweltphysik, Hydrogeologie, Montanhydrogeologie, Bergbausicherheit und Mineralogie.

Diese Veranstaltung bietet in reichem Maße zugleich Weiterbildungsmöglichkeiten für in der Praxis tätige Wissenschaftler einschlägiger Gebiete.

Die Beiträge des Isotopenkolloquiums sollen gedruckt in zwei Freiberger Forschungsheften 1983 erscheinen.

Die Tagung wurde abgerundet durch ein Rundtischgespräch zu geochemischen Problemen des Erdmantels (Leitung: *H. J. Rösler*) und eine Sitzung der KAPG-Arbeitsgruppe zum Subprojekt 16.2. „Globale Isotopenvariation" (Leitung: *W. J. Ferronskij*).

Dem allgemeinen Wunsch aller Teilnehmer sowie weiterer Interessenten entsprechend wird die Tagung in drei Jahren als „Freiberger Isotopenkolloquium 1985" wiederum stattfinden.

D. Hebert

Eingegangen am 5. 11. 1982

Informationen

USA. Die Entscheidung über den Reaktortyp für den geplanten großen Plutoniumimproduktionsreaktor, der als Ersatz für ältere Reaktoren zur Herstellung von Waffenplutonium im militärischen Programm vorgesehen ist, wird nicht vor Ende 1982 erwartet.

Von den 7 von der Industrie und den Forschungszentren eingereichten Vorschlägen wurden bisher nur zwei gestrichen: ein spezieller Stromerzeugungsbrüter des Brookhaven Nat. Lab. und ein Schwerwasser-Hochtemperaturreaktor von du Pont. Weiter geprüft werden die Konzeptstudien für einen gasgekühlten Hochtemperaturreaktor von General Atomic, einen flüssigmetallgekühlten Schnellbrüter von Argonne Nat. Lab., einen modifizierten Druckwasserreaktor von Westinghouse sowie Weiterentwicklungen des N-Reaktors in Hanford von einem Konsortium unter Führung von UNC Resources und des K-Reaktors in Savannah River von du Pont. Der Reaktor soll neben Pu vor allem Tritium erzeugen und auch in gewissem Umfang Strom liefern. (Atomwirtschaft 5/82)

IAEA. Die IAEA in Wien hat ein Sonderheft des IAEA Bulletins anläßlich des 25. Jahrestages der IAEA, die am 29. Juli 1957 gegründet wurde, herausgegeben. In diesem 43seitigen Sonderheft sind folgende Beiträge enthalten:
The relevance of the IAEA by *Hans Blix*;
Nuclear power and safety: the IAEA's role in a changing world by *B. A. Semenov* and *J. U. Ahmed*;
Nuclear energy: facing the future by *H. J. Laue*;
Practical experience in nuclear safety by *H. Andres*;
Bringing together fusion research by *M. Leiser*;
International technical co-operation for a safer world by *C. Veléz Ocón*;
Helping eradicate the medfly from Mexico by *G. LaBrecque*;
Nuclear medicine and the electronics revolution by *R. A. Dudley*;
Dissemination of scientific and technical information by *H. E. Pryor* and *L. A. Self*;
Potential and limitations of international safeguards by *H. Grümm*. (IAEA Bulletin Supplement 1982)

Schweiz. Vom 7. bis 10. Juni 1983 findet in den Hallen der Schweizer Mustermesse in Basel die PRO AQUA — PRO VITA 83, 9. Internationale Fachmesse für Umweltschutz: Wasser — Abwasser — Abfall — Luft — Lärm, statt. Sie umfaßt den gesamten Bereich der Umwelttechnik auf der Grundlage unserer heutigen Erkenntnisse und Möglichkeiten und unterstützt die weltweiten Bemühungen zur Erhaltung, Verbesserung und Rückgewinnung der Lebensqualität.

Im einzelnen umfaßt die PRO AQUA — PRO VITA 83 die folgenden Fachgebiete: Wassergewinnung — Wasser- und Abwasserförderung — Wasser- und Abwasserleitungen — Mechanische Wasseraufbereitung und Abwasserreinigung — Biologische, thermische und elektrische Wasseraufbereitung und Abwasserreinigung, Klärschlammbehandlung — Chemische Wasseraufbereitung und Abwasserreinigung — Abfalltechnik — Industrielles Recycling — Luftreinhaltung — Lärmbekämpfung — Optimale Energienutzung — Laboreinrichtungen, Meß- und Regeltechnik — Kommunaltechnik — Schulung, Dokumentation, Organisation.

Einen wichtigen Schwerpunkt an der kommenden PRO AQUA — PRO VITA bildet das Thema Energie. Die thematische Schau „Neue Wege in der Energietechnik" will die energiepolitischen und energietechnischen Vorgänge seit dem Erdölschock darlegen und die künftigen Ziele sowie neue technische Lösungsmöglichkeiten aufzeigen.

(Schweizer Mustermesse — Presseinformation)

Schweiz. In unserer von der Technik geprägten und von einem hohen Sicherheitsbedürfnis erfüllten Industriegesellschaft ist die Bewältigung von Risiken zu einer beherrschenden Frage geworden. Sie stellt sich mit besonderer Klarheit und Schärfe auf dem Gebiet der Kernenergie und kann hier beispielhaft behandelt werden, doch reicht sie weit darüber hinaus und zieht sich durch alle Bereiche unseres Lebens. Die Beantwortung der Frage nach dem Risiko fordert deshalb nicht nur Ingenieure und Techniker heraus, sondern sie beschäftigt auch Mediziner, Psychologen, Volkswirtschaftler, Juristen, Mathematiker und beeinflußt in hohem Maße das politische Handeln.

Um über das breite Feld der verschiedenen Gesichtspunkte des Risikoproblems eine Übersicht zu geben und die Möglichkeit zu vermitteln, technische und natürliche Risiken zu beurteilen, zu vergleichen und sachlich einzustufen, führte die Schweizerische Gesellschaft der Kernfachleute (SGK) am 22./23. November 1982 in Zürich-Oerlikon eine Informationstagung über diesen Themenkreis durch. Sie stand unter dem Arbeitstitel „Risikobereitschaft und Risikobewältigung im Zeitalter der Kernenergie" und richtete sich an Entscheidungsträger auf allen Ebenen, namentlich in der Industrie, bei der Energiewirtschaft, in öffentlichen Dienstleistungsbetrieben, bei Banken und Versicherungen sowie in Behörden. Ansprechen wollte die Tagung ferner Politiker und Medienschaffende, denen bei der Einordnung der Probleme unserer technischen Zivilisation eine besondere Verantwortung zukommt. (SVA – Bulletin)

Großbritannien. In letzter Zeit sind folgende Reports der United Kingdom Atomic Energy (UKAEA) erschienen:

AERE-PR/EMS 8	Environmental and Medical Sciences Division progress report January – December, 1980. Compiled by *W. M. Hainge*. February, 1982. 157 pp.
AERE-R 9936	A passive neutron well counter using shift register coincidence electronics. By *K. P. Lambert. J. W. Leake, A. I. Webb, F. J. G. Rogers*. March, 1982. 37 pp.
AERE-R 10127	Studies of environmental radioactivity in Cumbria Part 5. The magnitude and mechanism of enrichment of sea spray with actinides in West Cumbria. By *J. D. Eakins, A. E. Lally, P. J. Burton, D. R. Kilworth, F. A. Pratley*. March, 1982. 47 pp.
AERE-R 10341	Analytical models for thermal rock mechanics. By *D. Hodgkinson*. February, 1982. 121 pp.
AERE-R 10262	Uffington lysimeters — Operation and results. Part 1. By *A. Parker, J. H. Black, D. Boreham, J. Bromley, D. J. V. Campbell, M. G. Raines, J. F. Rees, C. A. M. Ross*. July, 1981. 54 pp.
AERE-R 10263	Uffington lysimeters — Operation and results. Part 2. By *D. J. V. Campbell. J. H. Black, D. Boreham, M. G. Raines, J. F. Rees, A. Parker, C. A. M. Ross*. July, 1981. 39 pp.
AERE-R 10461	Plane couette flow in the presence of a strong centrifugal field. By *E. A. Johnson*. May, 1982. 74 pp.
AERE-R 10516	Objectives for radioactive waste packaging. By *R. H. Flowers*. April, 1982. 21 pp.
ND-R 802(S)	Fatigue crack growth in austenitic stainless steel. By *A. McMinn, P. M. Scott*. June, 1982. 12 pp.
CLM-R 210	JETCAT: A programme for computerised tomography. By *J. H. Williamson*. September, 1981. 35 pp.
CLM-R 219	An introduction to hybrid fusion. By *J. A. Reynolds*. January, 1982. 6 pp.
CLM-R 211	TOKAMAK fusion reactor exhaust. By *M. F. A. Harrison, P. J. Harbour, E. S. Hotsen* and others. 1981. 194 pp.
ND-R 701(S)	The deformation of PWR fuel in a LOCA. By *C. A. Mann, E. D. Hindle, P. D. Parsons*. April, 1982. 150 pp.
ND-R 702(S)	Part 1. Fuel rod behaviour during transients; Part 1. Description of codes. By *H. Hughes, T. J. Haste, R. F. Cameron, J. E. Sinclair*. April, 1982. 74 pp.
ND-R 702(S)	Part 2. Fuel rod behaviour during transients. Part 2. CANSWEL and FRAP-T applications and results. By *C. F. Bilsby, T. J. Haste, A. Garlick, R. F. Cameron*. April, 1982. 99 pp.

(Atom 310 – 1982)

IAEA. Folgende Internationale Tagungen der IAEA teilweise gemeinsam mit anderen internationalen Organisationen werden für das Jahr 1983 angekündigt:

11 – 15 April:	International Symposium on the Biological Effects of Low-Level Radiation with Special Regard to Stochastic and Non-Stochastic Effects; Venice (Italy)
18 – 22 April:	FAO/IAEA International Symposium on Isotope and Radiation Techniques in Soil Physics and Irrigation Studies; Aix-en-Provence (France)
2 – 6 May:	International Symposium on Operational Safety of Nuclear Power Plants; Marseilles (France)
16 – 20 May:	International Conference on Radioactive Waste Management; Seattle/Washington (USA)
12 – 16 September:	UNESCO/IAEA International Symposium on Isotope Hydrology in Water Resources Development; Vienna

(IAEA-Bulletin 24 (3) 1982)

IAEA. Im Jahre 1983 wird die IAEA folgende wissenschaftlichen Konferenzen und Symposien bzw. Seminare veranstalten:

Konferenzen und Symposien

2. – 6. Mai:	Internationales Symposion über Betriebssicherheit von Kernkraftwerken; Marseilles (Frankreich)
16. – 20. Mai:	Internationale Konferenz über Entsorgung; Seattle (USA)
12. – 16. September:	Internationales Symposion über Isotopenhydrologie bei der Erschließung von Wasserreserven; Wien (Österreich)

Seminare

Außerdem finden mehrere wissenschaftliche Seminare über Spezialthemen statt:

20. – 24. Juni:	Seminar über Eichverfahren in Sekundärstandardlaboratorien für Dosimetrie; Seibersdorf (Österreich)

8.—12. August: Seminar über Strahlendetektoren, für Entwicklungsländer in Afrika; Nairobi (Kenia)

19.—23. September: Seminar über Betriebsführung an Kernkraftwerken; Wien (Österreich)

26.—30. September: Seminar über technische und ökologische beim Umgang mit abgebrannten Kernbrennstoffen; Madrid (Spanien)

erste Oktoberhälfte: Seminar über Qualitätsstandardisierung für Kernkraftwerke, für Entwicklungsländer in Lateinamerika; Rio de Janeiro (Brasilien)

17.—21. Oktober: Seminar über Übertragung der von Kernanlagen freigesetzten Radionuklide an die Umwelt und den Menschen; Brüssel (Belgien)

24.—27. Oktober: Seminar über Beförderung radioaktiver Stoffe per Post (in Zusammenarbeit mit dem Weltpostverein); Wien (Österreich)

7.—11. November: Seminar über rationelle Verwendung von Forschungsreaktoren und Betriebsführung; Kuala Lumpur (Malaysia)

14.—26. November: Seminar über Strahlenschutz bei der Lagerstättensuche, beim Abbau und bei der Aufarbeitung radioaktiver Erze, für Entwicklungsländer in Afrika; Gabun

Nähere Auskünfte sind bei den zuständigen Behörden der Mitgliedstaaten, z. B. beim Außenministerium oder der staatlichen Atomenergiekommission, bzw. direkt bei der Internationalen Atomenergie-Organisation, Postfach 100, Internationales Amtssitz- und Konferenzzentrum Wien, A-1400 Wien, Österreich, erhältlich.

(IAEA-Presseinformation)

Buchbesprechungen

Biomedical dosimetry: physical aspects, instrumentation, calibration
Proc. of a Symp., Paris, 27—31 October 1980

Vienna: IAEA 1981. 596 S., div. Abb. u. Tab.; kart. ÖS 920,—

Mit diesem Buch aus der Proceedings-Serie der IAEA wird der Tagungsbericht vorgelegt über ein Internationales Symposium, das gemeinsam von der IAEA und der WHO durchgeführt wurde. Behandelt wurden vor allem Probleme der Dosimetrie ionisierender Strahlung im Hinblick auf deren Anwendung in der medizinischen und biologischen Forschung und Praxis. Das Programm brachte den hohen Stand und die beträchtlichen Fortschritte zum Ausdruck, die auf diesem Gebiet erzielt wurden. Das betrifft vor allem Fragen der Technik und Instrumentierung sowie der Standardisierung und Kalibrierung. Aber auch Entwicklungen von neuen Systemen für Hochdosismessungen, wie sie z. B. in der Strahlentechnik benötigt werden, wurden vorgestellt.

In acht Sessionen wurden folgende Hauptthemen behandelt:
Allgemeine Aspekte der Dosimetrie;
Physikalische und biomedizinische Gesichtspunkte der Dosimetrie;
Bestimmung der Energiedosis;
Standardisierung und Kalibrierung von Dosimeter-Systemen;
Entwicklung von Dosimeter-Systemen.
Im Anhang wird außerdem der zusammenfassende Bericht einer IAEA Advisory group veröffentlicht, die vom 17. bis 21. 11. 1980 in Wien zu Fragen der Dosimetrie hoher Dosen bei der industriellen Strahlentechnik tagte.

Im Mittelpunkt der Session I stand die Frage, welche Größe im Zusammenhang mit dem Übergang zu den SI-Einheiten am besten geeignet ist, die Größe „Exposition" zu ersetzen. Von besonderem Interesse ist hier der Beitrag von *H. Reich/J. O. Trier*, die (bei Ausklammerung der Strahlenschutz-Dosimetrie) für die verschiedenen Anwendungsgebiete den Trend zur Einführung von zwei Größen sehen: die Energiedosis in Wasser für Messungen in Wasser-Phantomen in der Strahlentherapie bzw. die Luft-Kerma für Messungen in Luft in der Diagnostik. Als Kompromiß für den Fall, daß das Meßinstrument von verschiedenen Materialien umgeben ist und keine Korrektionsfaktoren verwendet werden, schlagen sie die Wasser-Kerma vor.

Grundlegende physikalische und biomedizinische Aspekte der Dosimetrie wurden in den Sessionen II und III diskutiert. Besondere Beachtung verdient hier der Vortrag von *J. P. Simoën*, in dem eine Verallgemeinerung der von *Bragg*, *Gray* und *Burlin* für Elektronen entwickelten Hohlraumtheorie auf den Fall von Neutronen vorgenommen wird. Diese Verallgemeinerung ist — ausgehend vom *Burlin*schen Ansatz — möglich, wenn die verschiedenen durch Neutronen ausgelösten geladenen Sekundärteilchen berücksichtigt werden. Die *Burlin*sche Theorie ergibt sich dann als ein spezieller Fall dieser allgemeinen Theorie.

Zur Bestimmung der Energiedosis (Session IV) wurden vor allem Kalorimeter eingesetzt. Als Kalorimetermaterial erlangt dabei der gewebeäquivalente Plast A-150 zunehmende Bedeutung. Berichtet wurde über die Ermittlung von Dosen und Dosisverteilungen im menschlichen Körper unter Berücksichtigung von Inhomogenitäten der verschiedenen Organe für Neutronen- und Photonenstrahlung. Besondere Beachtung fand die Dosimetrie für die Neutronentherapie.

Die Sessionen V und VI machten deutlich, daß die Standardisierung von Dosismessungen eine vorrangige Aufgabe ist. Natürlich spielt hierbei die Ionisationskammer nach wie vor eine große Rolle. Interessanterweise wird aber auch hier der Plast A-150 zunehmend als gewebeäquivalentes Kammermaterial eingesetzt.

Bei der Standardisierung und Kalibrierung eingesetzter Dosimetersysteme haben Dosimetervergleiche eine wichtige Funktion; in mehreren Arbeiten wurde über solche Vergleiche mit Thermolumineszenz-Dosimetern berichtet.

Von neu entwickelten dosimetrischen Systemen (Sessionen VII und VIII) haben vor allem Alanin (ESR-Auswertung) und Glutamin (Lyolumineszenz) ihre großen Möglichkeiten als Standard- und Routinedosimeter gezeigt.

Das Buch gehört in die Hand jedes Fachkollegen, der auf dem Gebiet der Dosimetrie arbeitet. Besonders zu empfehlen ist es den in der Strahlentherapie und -biologie tätigen Physikern.

K. Hübner

Grundlagen der Strahlenphysik und radiologischen Technik in der Medizin

W. Angerstein, S. Gursky, H. Hegewald. 3. stark bearbeitete Auflage. Leipzig: VEB Georg Thieme 1982; 362 S., 226 Abb., 33 Tab.; Broschur M 27,90 (Ausland M 36,—)

Die „Grundlagen der Strahlenphysik und radiologischen Technik in der Medizin" wurden von einem großen Autorenkollektiv von Fachleuten geschrieben. Der Inhalt lehnt sich eng an die Stoffpläne für die Ausbildung zum Facharzt für Radiologie an der Akademie für Ärztliche Fortbildung und zur Ausbildung von Medizinisch-Technischen Assistenten für Radiologie an den Medizinischen Fachschulen an.

In vier Hauptabschnitten werden allgemeine physikalische Grundlagen und die physikalischen Grundlagen der drei Teilgebiete der Medizinischen Radiologie — Röntgendiagnostik, Strahlentherapie und Nuklearmedizin — abgehandelt. Die dritte Auflage ist völlig neu bearbeitet, und es sind die Abschnitte über wichtige physisikalische Größen und ihre Einheiten, über die Ultraschalldiagnostik und über die Computertomographie hinzugekommen.

Das Buch ist gut lesbar. Der Stoff wird meist straff und übersichtlich dargestellt, und man spürt eigentlich in allen Abschnitten das Bemühen der Autoren um Anschaulichkeit, was durch die zahlreichen Abbildungen und schematischen Darstellungen sehr unterstützt wird. Großer Wert wird auf das Verständnis der wesentlichen Zusammenhänge gelegt und der mathematische Formalismus auf das Notwendigste beschränkt.

Zu empfehlen ist dieses Buch allen radiologisch tätigen Fachärzten und Facharztkanditaten, allen Medizinisch-Technischen Assistenten und Studenten an Hochschulen und Medizinischen Fachschulen als Ergänzung zum Vorlesungsteil Strahlenphysik. Auch Strahlenbiologen, Strahlenphysiker und Röntgentechniker sind sicherlich gut beraten, wenn sie dieses Buch zu ihrem Handwerkszeug zählen.

P. Hafke

Health Impacts of Different Sources of Energy

Proc. Ser., STI/PUB/594 Vienna: IAEA 1982. 100 Abb., 150 Tab., 701 S.; karton. ÖS 1160,—

In der Zeit vom 22.—26. Juni 1981 fand in Nashville, Tennessee, eine Tagung über Gesundheitsschädigungen von verschiedenen Energieerzeugungsformen statt. Die Tagung wurde gemeinsam von der IAEA, der WHO und der UNEP (United Nations Environment Programme) organisiert. An der Tagung nahmen 152 Wissenschaftler teil, von denen 28 Länder, der Päpstliche Stuhl (ein Vertreter) und 6 Organisationen vertreten wurden, nämlich die 3 an der Organisation beteiligten Körperschaften und außerdem noch die CEC (Commission of the European Communities), die ICRP (International Commission on Radiological Protection) und die OECD/Nuclear Energy Agency. Es wurden 58 Vorträge (einschließlich von 11 Poster-Vorträgen) gehalten, die zusammen mit den dazu geführten Diskussionen in dem Proceedings-Band vorliegen — leider nicht alle Vorträge in ihrem vollen Wortlaut, sondern nur als Abstracts bzw. als Autorenreferate.

Die zahlreichen mitgeteilten Ergebnisse auf dieser Tagung können nicht ohne weiteres verallgemeinert werden, da sehr spezielle örtliche (geographische) Bedingungen die gesundheitsschädigenden Emissionen der verschiedenen Energieerzeugungsformen beeinflussen. Einige Beispiele sollen als Illustration dienen. Bei einem Vergleich von kohlegefeuerten (Steinkohle) Kraftwerken mit den Kernkraftwerken kann gesagt werden, daß sich die ersteren vor allem durch ihre α-Strahlung, die letzteren durch ihre β- und γ-Strahlung in ihren Abgasen auszeichnen. So beträgt die Ganzkörperstrahlungsdosis pro GW(e) Leistung bei einem kohlegefeuerten Kraftwerk 0,7 mrem, bei einem DWR 0,1 mrem und bei einem SWR 0,4 mrem (nach *W. Jacobi* et al., Neuherberg). Daß selbst die „umweltfreundlichen" Wasserkraftwerke zu Schäden führen können, wurde am A. K. Biswas (Oxford) gezeigt, wonach die großen Stauseen in ihrer Umgebung eine Zunahme an Schistosomiasis-, Malaria- und Trypanosomiasis-Erkrankungen zur Folge hatten. Und schließlich konnten *Z. Jaworowski* und *J. Bilkiewicz* (Warschau) zeigen, daß der Bleigehalt in Knochen aus unterschiedlichen Industrieballungsgebieten in keinem Fall die Werte überschritt, wie sie in Knochen von Menschen aus dem 3., 11., 13., 14., 17., 18. und 19. Jahrhundert gefunden wurden. Zum Beispiel wurde ein Pb-Gehalt von $16{,}2 \pm 4{,}7\ \mu g \cdot g^{-1}$ im Trockengewicht (46 Proben) aus der Gegend von Wrocław (mit 680000 t Staub pro Jahr) gefunden, und in 6 Proben aus dem 17. Jahrhundert betrug der Pb-Gehalt $267{,}4 \pm 101{,}0\ \mu g \cdot g^{-1}$ im Trockengewicht. Auch in der prä-industriellen Ära war durch Eßgewohnheiten (Zinngeschirr) und durch Therapeutika (bleihaltige Salben, Puder u. a.) eine hohe Kontamination gegeben. Aus einer indischen Untersuchung (*H. R. Srinivasa*, Bombay) wird von den Vorteilen der Biogaserzeugung in ländlichen Gegenden berichtet, wobei Infektionsherde (Latrinen) vermindert werden. Bei schlechter Durchlüftung der Wohnräume kann allerdings ein hoher CO_2-Gehalt in der Luft beobachtet werden. Auch geotherme Kraftwerke können eine Belastung der Umwelt darstellen; nicht kondensierbare Gase (H_2S, Kohlenwasserstoffe) werden an die Atmosphäre abgegeben und führen auf die Dauer ebenfalls zu Schäden. So beträgt die H_2S-Emissionsrate von Larderello in Italien 14300 g pro MW(e) und Stunde.

Dieser Band bietet eine Fülle von Fakten und Tatsachen, die hoffen lassen, daß die mitunter kontrovers und emotionell geführten Diskussionen über Vor- und Nachteile dieser oder jener Energieerzeugungsform auf eine objektive Basis gestellt werden. Nur so kann eine wirkliche Lösung der weltweit anstehenden Probleme erreicht werden, entspannt von subjektiven und politischen Erwägungen. Ein sehr guter Sammelband für den Beginn der Diskussion liegt hier vor.

H. Hübner

Environmental Migration of Long-lived Radionuclides

Proc. Series, STI/PUB/597. Vienna: IAEA 1982; 831 S., 225 Abb., 169 Tab.; karton. ÖS 1360.—

In Knoxville, Tennessee, fand vom 27.—31. Juli 1981 eine Tagung über die Migration langlebiger Radionuklide des Kernbrennstoffzyklus in der Umwelt statt. Die Tagung wurde von der IAEA organisiert, gemeinsam mit der Kommission der Europäischen Gemeinschaft (CEC) und der Kernenergie-Agentur (NEA) der OECD-Länder. An der Tagung nahmen 160 Wissenschaftler aus 24 Ländern und 5 internationalen Organisationen teil. Es wurden 38 Vorträge gehalten und 39 Poster vorgestellt. Die Vorträge und die Poster-Beiträge liegen nun in gewohnter Weise von der IAEA herausgegeben in Buchform vor.

Offensichtlich konnten die Veranstalter der Tagung die eingereichten Vorträge in den vorgesehenen 5 Tagen nur mit Mühe unterbringen; denn es ist ungewöhnlich, daß sich die IAEA für Poster-Beiträge entschließt. Der Themenkreis ist auch sehr interessant, geht es doch um den Eintrag, die Wanderung und Umwandlung und um die Auswirkungen der langlebigen Radionuklide auf unsere Umwelt, ein Thema, das auch kurz Radioökologie genannt wird. Der Eintrag kann einerseits bei der Uraniumgewinnung und -verarbeitung, beim Betrieb von Kernreaktoren, bei möglichen Havarien, aber insbesondere bei Wiederaufbereitungsanlagen (WAA) stattfinden. Die Radionuklide in diesem gemeinten Zusammenhang sind solche der natürlichen radioaktiven Elemente (U, Th, Ra), die Radionuklide ^{79}Sc, ^{90}Sr, ^{95m}Tc, ^{137}Cs, ^{129}J und die Aktinidenelemente, vor allem ^{238}Pu, $^{239/240}$Pu. Die Aufzählung macht deutlich, daß ein Großteil der Elemente nicht in unserer natürlichen Umwelt vorkommt, weshalb das Studium ihres Verhaltens so wichtig ist. Aufenthaltszeiten in einzelnen Teilabschnitten des terrestrischen oder des aquatischen Ökosystems liefern Hinweise, die man für den sorgsamen Umgang mit diesen Elementen unbedingt wissen muß. Ein besonderer Teilaspekt ist eine mögliche Aufnahme der Elemente in den biologischen Kreislauf (Verteilungsfaktoren), in eine ganze Nahrungskette. Als Quellen können WAA und Kernreaktoren verschieden wirken: ^{129}J kann bei WAA höhere lokale Auswirkungen zeigen als beispielsweise bei Kernreaktoren. Vom ^{129}J wurde auf der Tagung u. a. ein globaler Kreislauf vorgestellt, der aus 9 Kompartments besteht, die miteinander in enger Wechselwirkung stehen. Große Aufmerksamkeit wurde auch der modellmäßigen Behandlung von Migrationen und Diffusionen in der Bodenzone geschenkt, um daraus mögliche Kontaminationen des Grundwassers ableiten zu können.

Die langlebigen Radionuklide in unserer Umwelt stellen ein neues Gebiet der anthropogenen Geochemie oder Umweltgeochemie dar, deren Verhalten in der Geo-, Hydro-, Atmo- und Biosphäre wir gegenwärtig zu verstehen beginnen. Dabei sind die Erkenntnisse auf diesem Gebiet eine notwendige Voraussetzung für den gefahrlosen Umgang mit der Kernenergie und ihren Teilgebieten. Deshalb ist diese umfassende Schrift für Geochemiker, Hydrologen/Hydrogeologen und Biochemiker einerseits und für alle in der Kernenergie mit langlebigen Radionukliden beschäftigten Wissenschaftler sehr bedeutsam und empfehlenswert.

H. Hübner

Vein-type and similar uranium deposits in rocks younger than proterozoic
Proceedings of a technical committee meeting, Lisbon, 24—28 September 1979

Vienna: IAEA 1982. 391 S., div. Abb. u. Tab. (Panel Proceedings Series; STI/PUB/600); karton. Austr. Sch; 650.—

Wenn man die Vorhersagen über den wachsenden Bedarf an Kernenergie in den beiden letzten Jahrzehnten unseres Jahrhunderts und in den ersten Jahrzehnten des kommenden Jahrhunderts mit dem notwendigen Ernst berücksichtigt, dann ist die Entdeckung und Erschließung neuer Uraniumvorkommen eine dringende Notwendigkeit. Die wichtigste Voraussetzung hierfür ist die tiefgehende Kenntnis der Geologie aller Arten von Uraniumlagerstätten. Eine besondere Rolle spielen dabei die gangförmigen Lagerstätten. In der Frühzeit der Uraniumgewinnung lieferten sie den größten Beitrag zur Gesamtproduktion, bis dann die Vorkommen in Sandsteinen und in alten (proterozoischen) Konglomeraten die wichtigsten Quellen des Uraniums wurden. Dennoch haben einige gangförmige Lagerstätten bis heute ihre Bedeutung nicht verloren. Deshalb wurde schon auf früheren Veranstaltungen der IAEA das Bedürfnis erkannt, die gegenwärtigen Kenntnisse über gangförmige und ähnliche Uraniumlagerstätten in der wissenschaftlichen Öffentlichkeit vorzutragen und zur Diskussion zu stellen. Nach entsprechenden Vorbereitungen hat die IAEA im September 1979 eine Tagung ausgerichtet, die diesem Ziele diente und an der 60 Fachleute aus 15 Staaten und von 3 internationalen Organisationen teilnahmen. Vor der Tagung fand eine viertägige Exkursion statt, bei der die wichtigsten portugiesischen Uraniumlagerstätten und -vorkommen besichtigt werden konnten. Die Teilnehmer der Tagung hörten und diskutierten 19 Vorträge. Folgende Stichworte sollen den Umfang andeuten: Stellung der gangförmigen Lagerstätten im Kreislauf des Uraniums; chemische und isotopische Entwicklung von Mineralen in remobilisierten Gangvorkommen; Bruchtechnik und ihr Einfluß auf die Bildung von mineralisierten Gängen; Beschreibungen von einzelnen Lagerstätten in Canada, England, Frankreich, Tschad, Argentinien, USA und Schweden. Besonders ausführlich werden Vorkommen in Portugal beschrieben (6 Vorträge). Der Text wird mit dem Bericht einer Arbeitsgruppe abgeschlossen, in dem die Ergebnisse der Tagung kurz zusammengefaßt werden.

Fachleute der Erkundung und des Bergbaus werden diese Veröffentlichung mit Gewinn lesen.

K. H. Köhler

Borehole Logging for Uranium Exploration
A Manual

Vienna: IAEA 1982. 278 S., div. Abb. u. Tab. (Technical Reports Series No. 212; STI/DOC/10/212) karton. Austr. Sch. 460,—

Bei der Suche und Erkundung von Uraniumlagerstätten haben sich die geophysikalischen Bohrlochmessungen einen festen Platz erobert. Während noch im ersten Jahrzehnt des Uraniumbergbaus der Bohrkern das eigentliche Objekt der Untersuchung war und Messungen der radioaktiven Strahlungen nur zur Ergänzung herangezogen wurden, ist man inzwischen weltweit zur (weitgehend) kernlosen Bohrung übergegangen, die bedeutend billiger und schneller ist als die Kernbohrung. Die gewünschten Informationen über die durchbohrten Gesteinsfolgen beschafft man sich durch verschiedenste Arten der Bohrlochmessung. Die Information, die auf diese Weise gewonnen wird, ist erwiesenermaßen zuverlässig und steht der Information aus dem Bohrkern nicht nach. In bestimmter Hinsicht kann sie sogar den Vorteil für sich in Anspruch nehmen, ein größeres Volumen zu erfassen, als es der Kern darstellt. Kein Wunder also, wenn die geophysikalische Bohrlochmessung nicht nur bei der Suche und Erkundung durch Übertagebohrungen eine große Rolle spielt, sondern in beträchtlichem Maße auch bei der Erschließung und bergmännischen Ausbeutung der Lagerstätten angewandt wird.

Die Verfahren der Bohrlochmessung sind so vielfältig und haben einen so hohen technischen Stand erreicht, daß eine zusammenfassende Darstellung aus der Feder erfahrener Fachleute zu einem echten Bedürfnis geworden ist. Die IAEA, die weitblickend diese Aufgabe erkannt hat, ließ durch eine Gruppe von Spezialisten eine solche Zusammenfassung schreiben, die nun vorliegt. Das Buch wendet sich vorwiegend an die Nicht-Spezialisten der Bohrlochmessung oder der Geophysik, d. h. an Geologen, Bergleute oder andere Kräfte der Rohstoffsuche, um ihnen einen Überblick über die vorhandenen Verfahren, ihren richtigen Einsatz, ihre Vorteile und Einsatzgrenzen und die Kombinationsmöglichkeiten zu geben. Diese Hinwendung zu einem bestimmten Personenkreis ist zweifellos richtig, weil sie auch auf den technischen Stand und die Bedürfnisse der

Entwicklungsländer Rücksicht nimmt. Wie es in einem „Manual" sein muß, werden nicht nur allgemeine Redewendungen gebraucht, sondern sehr konkrete Ratschläge gegeben, wie man die einzelnen Verfahren ausführt und was man alles bei der Messung und ihrer Auswertung zu beachten hat. Im Text werden auch modernste („sophistische") Verfahren dargelegt. Weiterführende Spezialliteratur wird angegeben.

Behandelte Verfahren: Gamma (total), Gamma (spektrometrisch), Neutron, Widerstand, Eigenpotential, Kaliber, Raumrichtung, Neutronenaktivierung, Dichte, Akustik, induzierte Polarisation, Suszeptibilität, Verfahren aus der Erdöl-Erkundung.

Die Fachleute der Suche und Erkundung von Uraniumlagerstätten werden der IAEA für diese Veröffentlichung Dank wissen.

K. H. Köhler

Methoden und Berechnungsalgorithmen in der Theorie der Molekülschwingungsspektren

L. A. Gribov, W. A. Dementjev. Moskau: Izdatel'stvo „Nauka" 1981 (in Russ.) 356 S., 29 Abb., 8 Tab.; Halbleinen M 14,– ; Rub. 2,80

Dank der modernen Entwicklungen auf dem Gebiet der Rechentechnik gelangen heute zunehmend Anwendungen der Theorie in den Bereich des Möglichen, die mit den herkömmlichen Mitteln praktisch nicht zugänglich waren. In der Molekülschwingungsspektroskopie betrifft das vor allem die Untersuchung von Struktur und Eigenschaften, sowohl einzelner komplizierter vielatomiger Verbindungen, Polymerer und molekularer Kristalle als auch komplexer Systeme der Geo- und Biochemie, wo Durchführung und Interpretation von Experimenten auf z. T. unüberwindliche Schwierigkeiten stoßen. Hier sind oft überhaupt nur auf rechnerischem Wege Aussagen möglich, wie z.B. bei der Bestimmung thermodynamischer Zustandsgrößen. Von weiteren wichtigen Anwendungsgebieten der theoretischen Molekülschwingungsspektroskopie sollen hier noch die Laser-Chemie, chemische Informationssysteme und „künstliche Intelligenz" erwähnt werden.

In diesem Zusammenhang stellt die vorliegende Monographie eine wertvolle Bereicherung der diesbezüglichen Literatur und für die Molekülschwingungsspektroskopie in dieser Form ein Novum dar. Autorisierte Fachleute machen einem beliebig großen Kreis potentieller Nutzer einen anwendungsbereiten Formalismus zugänglich, der es ermöglichen soll, „massenhaft" Berechnungen durchzuführen.

Das Buch ist in drei große Abschnitte gegliedert: Abschn. I behandelt die „Elemente der Theorie der Schwingungsspektren vielatomiger Moleküle" (in der Version der sowjetischen Schule) und ist so ausführlich gehalten, daß sich für die Nutzung der Rechenprogramme das Studium weiterer diesbezüglicher Bücher im wesentlichen erübrigt. Abschn. II enthält die „Beschreibung der Algorithmen" für die praktische numerische Berechnung auf einer EDV-Anlage sowie Anwendungsbeispiele dazu. Für die Benutzung der Programme (FORTRAN-4) sind in Abschn. III entsprechende „Instruktionen" zusammengestellt.

Das gesamte Programmpaket ist so aufgebaut, daß der Nutzer Gelegenheit hat, eigene Zusätze und Modifikationen sowie speziellen Problemen angepaßte Verzweigungen anzubringen. Durch den bausteinartigen Aufbau ist das Programmsystem flexibel und ausbaufähig. Insbesondere läßt sich damit ein halbempirisches Berechnungsschema aufstellen, in das auch Erkenntnisse und Parameter aus anderen Gebieten der theoretischen Chemie, wie z.B. der Quantenchemie, Eingang finden können. Das betrifft vor allem die Festlegung des Kraftfeldes.

Ein weiteres Kennzeichen der verwendeten Berechnungsmethode ist, daß größere Moleküle aus Strukturelementen zusammengesetzt werden können, wodurch der allgemeinen Anwendung theoretisch keine Grenzen gesetzt sind. Die praktische Durchführbarkeit hängt somit hauptsächlich von der Leistungsfähigkeit der verfügbaren Rechenanlage ab. Das abgedruckte Programm ist für den ESER-Automaten „EC-1020" bzw. die EDV-Anlage „Minsk-32" konzipiert und ermöglicht die Berechnung der Grundschwingungsfrequenzen und -intensitäten bzw. der Kraftkonstanten von Spezies mit maximal 52 Atomen in harmonischer Näherung.

Insgesamt kann das Programmsystem, das in dieser Form schon seit einigen Jahren existiert und seine Bewährungsprobe auf verschiedenen Anwendungsgebieten erfolgreich bestanden hat, zur Nachnutzung empfohlen werden. Es wurde z.B. bereits vor 1973 in großem Ausmaß zur Berechnung von ^{13}C-Isotopieeffekten in der Geo- und Biochemie des Erdöls eingesetzt. Die Berechnung von Isotopieeffekten ist zu den typischen Anwendungsgebieten der Programme zu zählen.

Für eine rasche und effektive Nutzung der Rechenprogramme durch wissenschaftliche Mitarbeiter bzw. Ingenieure der Physik, Chemie und angewandten Mathematik sind praktische Erfahrungen auf den Gebieten der Normalkoordinatenanalyse und der Rechentechnik wünschenswert. Ferner erscheint in Anbetracht des erheblichen Programmumfangs (über 7000 Befehle) und der damit verbundenen Fehlermöglichkeiten beim Kopieren des Programms die Bereitstellung von Testbeispielen unerläßlich.

G. Hanschmann

Contents of this Issue

Articles

Letters to the Editor

From Practice

Indexed in Current Contents
Scientific Citation Index and
INIS Atomindex

Kolibri 360 GmbH
Ferdinand-Jühlke-Straße 7
99095 Erfurt, Deutschland
produktsicherheit@kolibri360.de